卓越系列·21世纪高职高专精品规划教材

基于FANUC系统数控机床实训教程

CNC TRAINING COURSE BASED ON FANUC SYSTEM

主　编　马海洋

副主编　张荣高　于翠玉

参　编　贾秋霜　张爱英

　　　　丁树坤　赵坤明

主　审　杜洪香

内容提要

全书以FANUC系统数控机床（车床、铣床、加工中心）、特种设备（电火花成形机、线切割机床）的操作为主，结合大量典型数控零件的实训加工练习，采用按项目教学的方式组织内容，详细讲解了数控车床、铣床、加工中心、特种设备的基本操作、编程指令、加工工艺设计、刀夹量具的使用、数控仿真软件的操作等内容。

本书可作为高职高专数控类、机电类专业学生的数控机床实习实训教材，也可供企业相关技术人员学习、参考或培训使用。

图书在版编目（CIP）数据

基于FANUC系统数控机床实训教程/马海洋主编. —天津：天津大学出版社，2016.1
（卓越系列）
21世纪高职高专精品规划教材
ISBN 978-7-5618-3688-0

Ⅰ.①基… Ⅱ.①马… Ⅲ.①数控机床－高等学校：技术学校－教材 Ⅳ.①TG659

中国版本图书馆CIP数据核字（2010）第172483号

出版发行 天津大学出版社
地　　址 天津市卫津路92号天津大学内（邮编：300072）
电　　话 发行部：022-27403647
印　　刷 廊坊市海涛印刷有限公司
经　　销 全国各地新华书店
开　　本 169mm×239mm
印　　张 11.75
字　　数 244千
版　　次 2010年9月第1版
印　　次 2016年1月第2次
定　　价 29.00元

前　言

本书简明扼要,浅显易懂,理论与实际相结合,是一本实用性较强的教材。书中的实例接近于实际加工,可作为数控技术应用专业、机电一体化专业及相关专业的数控实训课程教材,也可供相近专业师生及有关工程技术人员参考。

本书特点如下:

以当今机械加工行业主流的 FANUC 0I 数控系统为例,详细讲解数控机床的基本知识、基本操作、加工实训及仿真软件等相关知识。

采用任务驱动的教学方式,以典型零件的工艺设计与加工实训为载体,采用项目教学的方式,由浅入深、循序渐进,有利于读者自学。

将加工中心操作融入到数控铣床的操作、工艺、编程、加工之中。

选材注重机械加工的代表性,尤其是加工操作项目,全面介绍了零件从零件图到加工工艺再到加工完成的整个过程。

本书主要内容包括:数控车床、铣床基础知识任务中的数控机床基本结构与简介,刀具的种类与安装,零件的装夹与找正及机床的保养与维护;数控车床、铣床基本操作任务中的机床操作面板,程序编辑,刀具补偿及建立工件坐标系;数控车床、铣床加工操作任务中的各类典型零件的加工;特种设备编程与操作及每个项目中的数控仿真软件使用等。

本书由潍坊职业学院马海洋任主编,张荣高任副主编,杜洪香教授主审,其中 1.1.2~1.1.5 小节、1.2.1~1.2.5 小节、1.3.1~1.3.5 小节、2.1.5 小节由马海洋编写,2.1.4 小节、2.1.6 小节、2.2.1~2.2.4 小节由张荣高编写,任务 3.1、任务 3.2 由贾秋霜编写,2.1.1 小节、2.1.2 小节、2.2.5 小节、2.3.1 小节、2.3.2 小节由于翠玉编写,2.1.3 小节、2.3.3~2.3.5 小节由张爱英编写,1.1.1 小节、1.1.6 小节由赵坤明编写。全书由马海洋统稿和定稿,本书在编写过程中参考了天津大学机械工程学院朱振云老师编写的数控车床实训指导书,及上海宇龙软件工程有限公司的产品说明书,同时还得到了潍坊职业学院解永辉、丁树坤的大力支持和帮助,在此深表感谢。

由于编者水平和经验有限,书中难免有欠妥和错误之处,恳请读者批评指正。

编　者

2010 年 5 月

前 言

目　录

项目一 FANUC 系统的数控车床实训

任务 1.1 数控车削的基础知识实训

数控车床基础知识实训项目是数控车床实训课程的基本内容,也是对以往所学机械加工知识的回顾与总结。通过此部分的实习实训,学生可在掌握以往所学知识的基础上,结合宝鸡忠诚机床股份有限公司生产的 SK50P 数控车床和 FANUC 0I MATE - TC 数控系统,对数控车床的安全操作规程及维护保养、基本结构、数控车刀种类及安装、零件装夹及数控编程基础进行更为详细、有针对性的实训操作,为后续项目的正常进行奠定基础。

1.1.1 数控车床基本结构与 SK50P 车床简介

【能力目标】

通过本项目的现场教学,使学生了解本课程的学习内容、学习方法以及数控机床的发展概况,掌握数控车床的结构组成、工作过程及实训所使用数控车床的主要性能参数。

【知识目标】

①了解数控机床的发展概况。

②掌握数控车床的概念、组成、加工特点及功用。

③掌握数控车床的工作过程。

【实训内容】

1. 数控机床的发展概况

数控车床是一种高效率、高精度的自动化设备,也是当今数控设备中使用量最多的数控设备,约占数控机床总数的 25%。其主要应用于加工精度要求高的轴类、盘套类等回转体工件的加工,同时可进行切槽、钻、扩、铰孔等加工。

数控车床从诞生到现在已经历半个多世纪。

1948 年:美国 Parson 公司首先提出了用穿孔卡片来代替人工控制机床的方案,开始研究以脉冲的方式控制机床主轴运动进行复杂轮廓加工的装置,后与麻省理工学院合作于 1952 年完成能进行三轴控制的机床样机,并取名为“Numerical Control”。

1953 年:麻省理工学院研究出只需确定零件轮廓、指定切削路线即可生成 NC 程序的自动编程语言。

1959 年:美国 Keaney&Trecker 公司成功开发了具有刀库换刀装置的回转工作台,从而诞生了第一台加工中心。

1968 年:英国研制成功了柔性制造系统——FMS。

1974 年:数控机床的数控系统中采用微处理器,从此计算机技术应用到数控系统中。

我国于 1958 年开始研制数控机床,20 世纪 60 年代文革时停止,70 年代又恢复研制,80 年代与国外著名数控系统制造商合资注册,开始在中国经销其先进的数控系统,对我国数控技术的发展起了很大的推动作用,同时我国数控系统的开发研制也逐渐步入成熟的应用阶段。

众所周知,机床产品是实现国家工业现代化的重要装备,当今数控机床的制造技术正在朝着高速、高精度、多轴驱动复合型、智能网络化、环保型的方向发展。

本节以配备 FANUC 0I MATE - TC 系统的 SK50P 数控车床为例,介绍数控车床的编程及操作。

2. 数控车床的工作过程

在数控车床的工作过程中,通过使用固定格式的代码将机床刀架的移动路线记录在程序介质上,在送入数控系统之后,经过译码、运算准确控制机床各个坐标轴伺服电机的正反转,进而带动机床各个轴的移动,从而加工出形状、尺寸与精度符合要求的零件。可概括为以下几个阶段。

①待加工阶段——分析待加工零件图纸,确定合理的加工工艺路线和加工参数,包括加工的步骤、刀具的选择等,并准备好刀具、夹具和必要的量具。

②程序编制阶段——根据待加工阶段所确定的工艺路线及切削参数,计算出程序编制所需数据,用对应车床的数控系统能识别的指令代码编写数控加工程序。

③加工准备阶段——在此阶段中需要进行程序的输入、工件的装夹及工件坐标系的建立等工作。

④样件加工阶段——在机床自动方式下,系统根据所编写的程序将其进行译码和运算,机床伺服系统向伺服电机发出运动指令,控制各个坐标轴协调运动,带动刀具完成样件零件的加工。

⑤样件检测阶段——样件加工完成后,通过量具对照图纸对样件的尺寸等进行测量,如有偏差及时修改加工程序,为后期加工做好准备。

⑥零件批量加工阶段——样件加工合格后,按照调整好的加工程序成批量进行加工,其间穿插检测和程序的调整,确保加工质量。

数控车床工作流程如图 1.1 所示。

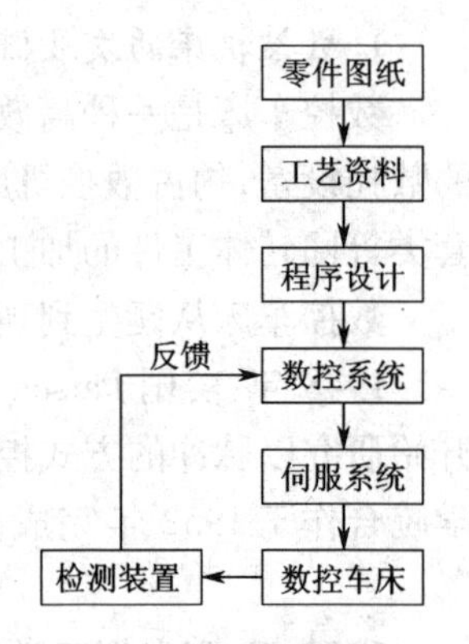

图 1.1　数控车床工作流程

3. 数控车床的结构组成

数控车床机械部件的组成与普通车床相似。数控车床的机械部件主要有主轴箱、进给机构、刀架、床身及冷却润滑装置等。由于数控车床在加工方面要求高速度、高精度、大切削用量和连续加工，因此对机械部件在精度、刚度、抗振性等方面有更高要求。

(1) 主轴箱

主轴箱是机床的重要组成部件。主轴电机通过皮带、变速齿轮传递动力给主轴，驱动装夹在主轴头部的卡盘带动工件运转，车床经过主轴箱齿轮变速后，可以实现在规定挡位内无级变速。主轴箱的制造精度直接影响车床的加工精度。

(2) 进给机构

进给机构的功能是带动刀架在机床坐标系内实现横向和纵向移动，通过数控系统的精确控制实现刀架横向和纵向的协调运动，从而完成圆弧和斜线的插补功能。进给机构采用交流伺服电机驱动滚珠丝杠实现进给运动，消除了普通丝杆的反向间隙，提高了加工精度。

(3) 刀架

刀架主要用于安装和夹持刀具，通常为四工位电动刀架，具有自动换刀功能。

(4) 尾座

尾座用于安装顶尖，夹持较长零件或夹持钻头、铰刀完成孔的钻、铰加工。

(5) 床身

床身起连接和支撑车床各部件的作用。

(6) 冷却润滑装置

该装置主要用于零件切削加工过程中的冷却以及机床各部件的润滑，以提高零件的加工质量和车床本身的使用寿命。

4. 数控系统的组成

机床数控系统主要由输入/输出装置、数控装置(CNC)、伺服单元、驱动装置、可编程控制器(PLC)、检测反馈装置及相应的软件组成。

(1) 输入/输出装置

输入装置的作用是将数控代码转换成机床相应的电脉冲信号，传送并存入数控系统内，有键盘、存储卡、光电阅读机、RS232 接口等；输出装置通常为显示器，其作用为显示机床或数控系统在每个时段的信息。

(2) 数控装置

数控装置是数控机床的核心，它将输入装置送来的脉冲信号进行编译、运算和逻辑处理后，输出各种信号与指令，控制机床的各个轴的伺服电机，使车床刀架按规定有序地移动。

(3) 伺服单元

伺服单元是数控装置与机床本体的联系环节，它接收来自数控装置的速度和位移指令,这些指令经变换和放大后通过驱动装置转变成执行部件进给的速度、方向和位移。

(4)驱动装置

驱动装置把经过放大的指令信号变为机械运动,通过机械连接部件驱动车床的溜板箱和刀架,使其精确定位或按规定的轨迹做严格的运动,加工出符合要求的零件。驱动装置有步进电动机、伺服电动机等。

(5)可编程控制器

可编程控制器主要完成与逻辑运算有关的一些动作,而没有轨迹上的具体要求。它接收 CNC 的控制代码(如辅助功能、主轴转速、选刀及换刀等顺序动作信息),对顺序动作信息进行译码,转换成对应的控制信号,控制辅助装置完成机床相应的开关动作。它还接收机床操作面板的指令,一方面直接控制机床的动作,另一方面将一部分指令送往数控装置用于加工过程的控制。

(6)检测反馈装置

检测反馈装置用于检测机床的运动和定位误差,并传送给控制系统,使其修正偏差,从而提高加工精度。根据检测反馈装置的不同,数控车床分为开环控制、半闭环控制和闭环控制。

目前国内外常用的数控系统主要 FANUC、SIEMENS、大森、华中数控、广州数控等种类。

5. SK50P 数控车床主要性能参数

SK50P 数控车床主要性能参数见表 1.1。

表 1.1 SK50P 数控车床性能参数

<table>
<tr><th>性 能</th><th>参 数</th><th>性能</th><th>参 数</th></tr>
<tr><td>最大工件回转直径</td><td>500 mm</td><td rowspan="2">最小输入增量</td><td>X 轴 0.001 mm</td></tr>
<tr><td>最大车削直径</td><td>310 mm</td><td>Z 轴 0.001 mm</td></tr>
<tr><td>最大加工长度</td><td>1 000 mm</td><td rowspan="2">最小移动单位</td><td>X 轴 0.001 mm</td></tr>
<tr><td rowspan="2">床鞍快速移动速度</td><td>X 轴 10 m/s</td><td>Z 轴 0.001 mm</td></tr>
<tr><td>Z 轴 15 m/s</td><td rowspan="3">挡位控制</td><td>低挡:30 ~ 210 r/min.</td></tr>
<tr><td rowspan="2">床鞍定位精度</td><td>X 轴 0.015/100 mm</td><td>中挡:160 ~ 870 r/min.</td></tr>
<tr><td>Z 轴 0.025/300 mm</td><td>高挡:300 ~ 2 650 r/min.</td></tr>
<tr><td rowspan="2">床鞍重复定位精度</td><td>X 轴 ±0.003 mm</td><td rowspan="2">刀架定位精度</td><td>X 轴 ±0.003 mm</td></tr>
<tr><td>Z 轴 ±0.005 mm</td><td>Z 轴 ±0.005 mm</td></tr>
<tr><td>刀架类型</td><td>四工位刀架</td><td>控制轴数</td><td>2 轴(X/Z)</td></tr>
</table>

6. 润滑系统的组成

SK50P 数控车床的纵向与横向导轨以及滚珠丝杠的润滑采用手动润滑的方式,

每隔 15 min,将溜板下方的润滑手柄按下即可实现;主轴箱内齿轮和轴承的润滑采用滴油润滑的自动润滑方式。

1.1.2　数控车床安全操作规程

【能力目标】

学生在进行数控车床的操作和实训之前,首先应对数控车床的安全操作规程进行认真学习和领会,明确安全操作的基本注意事项、加工中的安全注意事项及加工完成后的现场清理工作事项等。

【知识目标】

①了解数控车床实训的性质及今后实训的任务。

②明确安全操作的基本注意事项。

③明确实训加工前的准备工作及加工后的清理工作。

④明确实训过程中的安全操作事项。

⑤明确车床实训用砂轮机的安全操作规程。

【实训内容】

数控车床是一种自动化程度高、结构复杂、价格高昂的先进加工设备。它与普通车床相比,具有加工精度高、加工灵活、通用性强、生产率高、质量稳定等优点,在生产中有着至关重要的地位。数控车床的操作者要做到文明生产,严格遵守数控车床的安全操作规程。

1. 安全操作基本注意事项

①工作时要穿好工作服,并扎紧袖口,戴好工作帽及防护镜,但不允许戴手套操作机床;

②学生必须在教师指导下进行数控机床操作,禁止多人同时操作,强调机床单人操作;

③实习学生必须熟悉车床性能,掌握操作手柄的功用,否则不得动用车床;

④不要移动或损坏安装在机床上的警告标牌;

⑤不要在机床周围放置障碍物,工作空间应足够大;

⑥某一项工作需要两人或多人共同完成时,相互间要协调一致;

⑦不允许采用压缩空气清洗机床、电气柜及 NC 单元;

⑧工作场地保持整洁,刀具、工具、量具要分别放在规定位置,车床床面上禁止放任何物品。

2. 工作前的准备工作

①机床开始工作前要预热,认真检查润滑系统工作是否正常,如机床长时间未开动,可先采用手动方式向各部分供油润滑;

②使用的刀具应与机床允许的规格相符,有严重破损的刀具要及时更换;

③调整刀具所用工具不要遗忘在机床内;

④检查大尺寸轴类零件的中心孔是否合适,中心孔如太小,工作中易发生危险;

⑤刀具安装好后应进行一、二次试切削;

⑥检查卡盘夹紧工件的状态;

⑦手动原点回归时,注意机床各轴位置要距离原点100 mm以上;

⑧机床开动前,必须关好机床防护门。

3. 工作过程中的安全注意事项

①禁止用手接触刀尖和铁屑,铁屑必须用铁钩子或毛刷来清理;

②禁止用手或其他任何方式接触正在旋转的主轴、工件或其他运动部位;

③禁止加工过程中测量工件、变速,更不能用棉丝擦拭工件,也不能清扫机床;

④车床运转中,操作者不得离开岗位,机床出现异常要立即停车;

⑤学生必须在对操作步骤完全清楚时进行操作,遇到问题要立即向教师询问,禁止在不知道规程的情况下进行尝试性操作,操作中如机床出现异常,必须立即向指导教师报告;

⑥经常检查轴承温度,过高时应找有关人员进行检查;

⑦在加工过程中,不允许打开机床防护门;

⑧严格遵守岗位责任制,机床由专人使用,他人使用须经本人同意;

⑨工件伸出车床100 mm以外时,须在伸出位置设防护物;

⑩学生进行机床试运行及自动加工时,必须在指导教师的监督下进行;

4. 程序运行注意事项

①刀具要距离工件200 mm以上;

②光标要放在主程序起始处;

③检查机床各功能按键的位置是否正确;

④启动程序时一定要一只手按开始按钮,另一只手按停止按钮,程序在运行当中手不能离开停止按钮,如有紧急情况立即按下。

5. 工作完成后的注意事项

①清除切屑、擦拭机床,使机床与环境保持清洁状态;

②注意检查或更换已磨损的机床导轨上的油擦板;

③检查润滑油、冷却液的状态,及时添加或更换;

④依次关掉机床操作面板上的电源和总电源;

⑤将刀具、量具、工具放在指定的位置。

6. 砂轮机安全操作规程

①非本校实习人员未经车间负责老师许可不得随便使用;

②砂轮必须戴好砂轮罩,托架距砂轮不得超过5 mm;

③使用者要戴防护镜,不得正对砂轮,而应站在侧面;

④砂轮只限于磨刀具,不得磨笨重的物料、薄铁板、软质材料(铝、铜等)及木制品;

⑤砂轮机启动后,须待砂轮运转平稳后,方可进行磨削,压力不可过大或用力过

猛,砂轮的三面(两侧及圆周)不得同时磨削工件;

⑥新砂轮片在更换前应检查是否有裂纹,更换后须经 10 min 空转后方可使用,在使用过程中要经常检查砂轮片是否有裂纹、异常声音、摇摆、跳动等现象,如果发现有应立即停车并报告车间指导教师;

⑦使用后必须拉闸,要保持环境清洁卫生。

7. 现场参观

①参观历届同学的实训加工工件及生产产品。

②参观学习实训设备,并重点参观与实训内容相关的数控车床。

1.1.3　数控车刀种类及安装

【能力目标】

通过本项目的实训,对照实物了解数控车刀的种类及机夹车刀的组成、工作原理,并建立数控刀具在数控机床上使用的感性认识,为后续的数控加工操作打好基础。

【知识目标】

①了解数控车刀的种类及安装方法。

②掌握各种数控车刀使用的场合及特性。

③掌握数控车床常用刀具以及刀具在电动刀台的装夹方法。

【实训内容】

1. 数控车削加工刀具

数控车床上所使用的刀具种类较多,功能各不相同。根据不同的加工条件正确选择刀具是保证加工精度的重要环节,因此必须对数控车床车刀的种类及特点有一个基本的了解。

目前,数控机床用刀具的主流是可转位刀片的机夹刀具。下面对可转位刀具进行介绍。

(1)数控车床可转位刀具的特点

数控车床所采用的可转位车刀,其几何参数是由刀片结构形状和刀体上刀片槽座的安装方位组成的,与通用车床相比一般无本质区别,其基本结构、功能特点是相同的。但数控车床的加工工序是自动完成的,因此对可转位车刀的要求又有别于通用车床所使用的刀具。具体要求和特点如表 1.2 所示。

表 1.2　可转位车刀特点

要　求	特　点	目　的
精度高	采用 M 级或更高精度等级的刀片; 多采用精密级的刀杆; 用带微调装置的刀杆在机外预调好	保证刀片重复定位精度,方便坐标设定,保证刀尖位置精度

续表

要　求	特　点	目　的
可靠性高	采用断屑可靠性高的断屑槽形或有断屑台和断屑器的车刀； 采用结构可靠的车刀； 采用复合式夹紧结构和夹紧可靠的其他结构	断屑稳定，不能有紊乱和带状切屑；适应刀架快速移动和换位以及整个自动切削过程中夹紧不得有松动的要求
换刀迅速	采用车削工具系统； 采用快换小刀夹	迅速更换不同形式的切削部件，完成多种切削加工，提高生产效率
刀片材料	刀片较多采用涂层刀片	满足生产节拍要求，提高加工效率
刀杆截形	刀杆较多采用正方形刀杆，但因刀架系统结构差异大，有的需采用专用刀杆	刀杆与刀架系统匹配

(2)可转位车刀的种类

可转位车刀按其用途可分为外圆车刀、仿形车刀、端面车刀、内圆车刀、切槽车刀、切断车刀和螺纹车刀等，见表1.3。

表1.3　可转位车刀的种类

类　型	主偏角	适用机床
外圆车刀	90°、50°、60°、75°、45°	普通车床和数控车床
仿形车刀	93°、107.5°	仿形车床和数控车床
端面车刀	90°、45°、75°	普通车床和数控车床
内圆车刀	45°、60°、75°、90°、91°、93°、95°、107.5°	普通车床和数控车床
切断车刀	—	普通车床和数控车床
螺纹车刀	—	普通车床和数控车床
切槽车刀	—	普通车床和数控车床

(3)可转位车刀的结构形式

1)杠杆式

由杠杆、螺钉、刀垫、刀垫销、刀片所组成。这种方式依靠螺钉旋紧压靠杠杆，由杠杆的力压紧刀片达到夹固的目的。其适合各种正、负前角的刀片，有效的前角范围为-60°~+180°；切屑可无阻碍地流过，切削热不影响螺孔和杠杆；两面槽壁给刀片有力的支撑，并确保转位精度。

2)楔块式

由紧定螺钉、刀垫、销、楔块、刀片所组成。这种方式依靠销与楔块的挤压力将刀片紧固。其适合各种负前角刀片，有效前角的变化范围为-60°~+180°。两面无槽壁，便于仿形切削或倒转操作时留有间隙。

3）楔块夹紧式

由紧定螺钉、刀垫、销、压紧楔块、刀片所组成。这种方式依靠销与楔块的下压力将刀片夹紧。其特点同楔块式，但切屑流畅不如楔块式。

此外还有螺栓上压式、压孔式、楔块上压式等形式。

2. 数控车削常用刀具

表 1.4 所示为数控车削中常用车刀的种类及相关特点。

表 1.4　数控车削加工的常用刀具

刀具种类及相关特点	刀具图
常见车刀类型及切削场合	
可转位刀片的刀具由刀片、定位元件、夹紧元件和刀体所组成 常见可转位刀片的夹紧方式有楔块上压式、杠杆式、螺栓上压式等	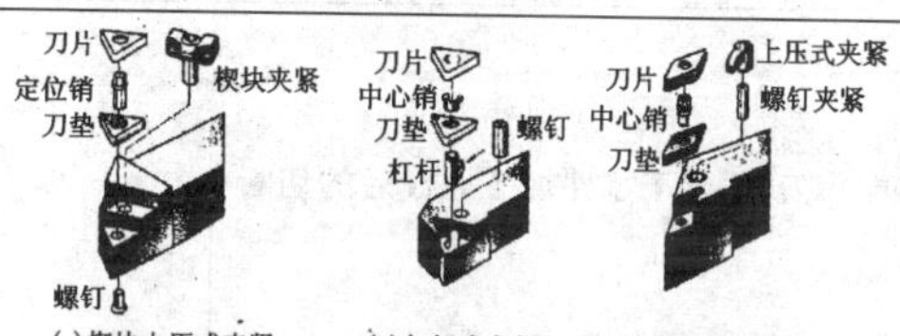 (a)楔块上压式夹紧　(b)杠杆式夹紧　(c)螺栓上压式夹紧
90°外圆加工车刀，主要用于零件外圆的高效切削，按进给方向不同分为左偏刀和右偏刀两种，一般常用右偏刀。主偏角较大，车削外圆时作用于工件的径向力小，不易出现将工件顶弯的现象，一般用于半精加工	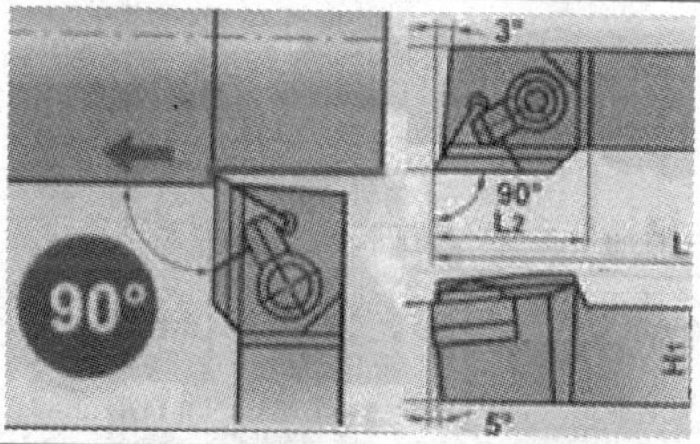
端面车刀，主要用于零件端面的切除，由于切削过程中产生径向力较大，对于细长零件的加工易产生弯曲	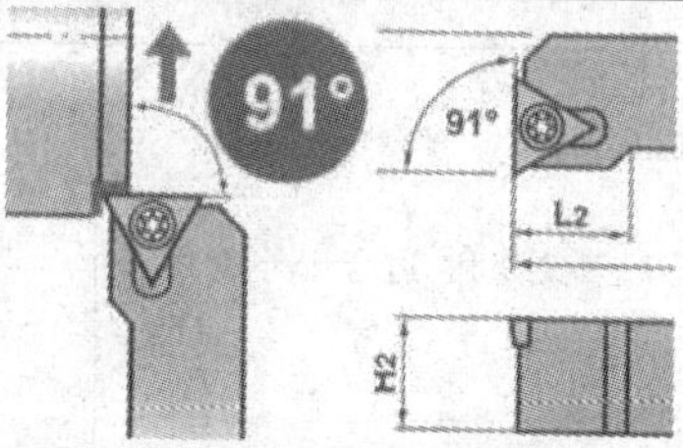
93°外圆车刀	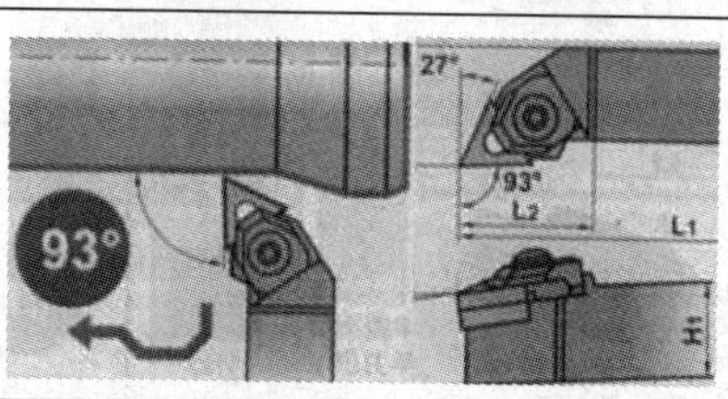

续表

刀具种类及相关特点	刀具图
外圆、倒角加工用车刀,可用于零件外圆切削及倒角,不适合阶梯轴结构零件的加工	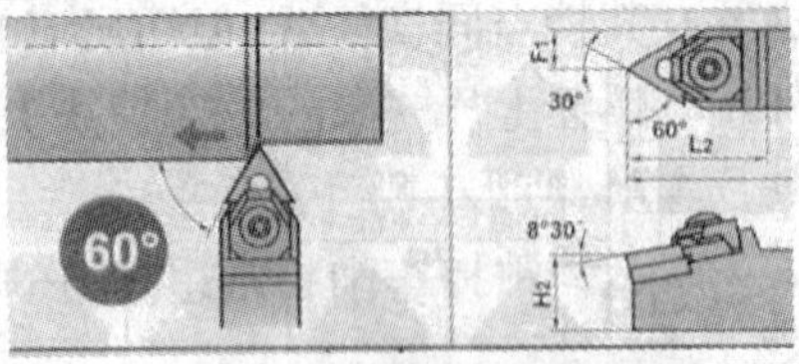
切槽加工用车刀,根据槽宽的要求,夹持合适宽度的刀片来完成切槽操作	
切断车刀,适合于零件加工完成后的切断操作	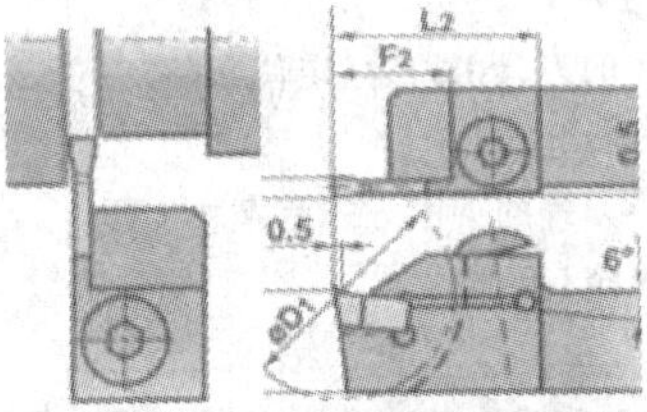
切圆弧槽加工用车刀,结构与切槽刀类似,刀片头部为圆弧形	
外螺纹车刀,刀尖锋利,适合于外螺纹的加工	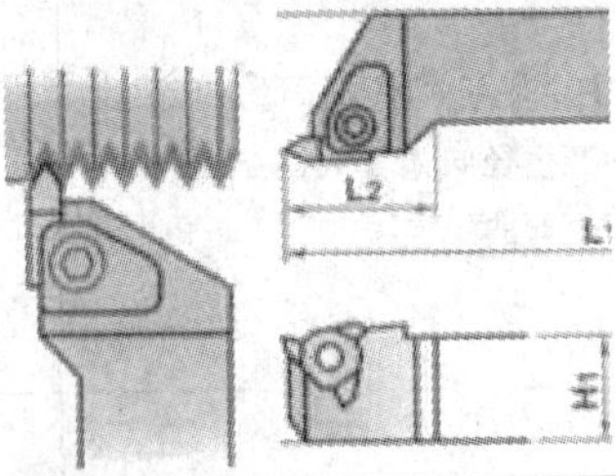
内孔加工车刀,适合于内孔的轴向切削	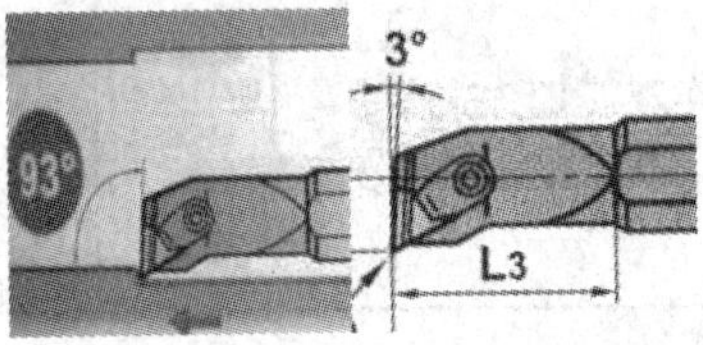

续表

刀具种类及相关特点	刀具图
内孔切槽刀,与外圆切槽刀相对应,结合刀片的切槽深度加工适合的内孔槽	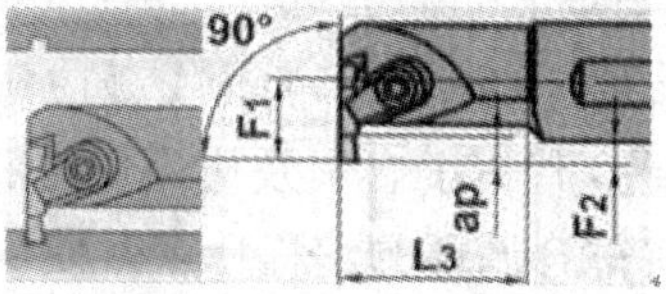
内孔螺纹刀,与外螺纹刀结构相对应	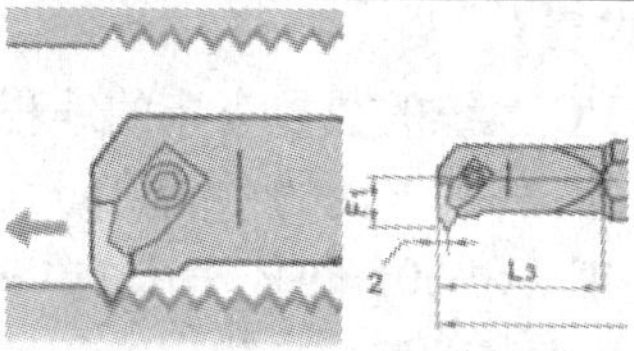

3. 数控车刀的装夹

刀具的装夹是数控车削加工过程中非常关键的环节,车削外圆、车削台阶圆、车削端面,包括车削内孔时,各种类型车刀的安装与要求相同。车刀安装得是否正确,将直接影响切削能否顺利进行和工件加工质量的好坏。因此,车刀安装后,必须做到:刀尖严格对准工件中心,以保证车刀前角和后角不变,否则车削工件端面时,工件中心将会留下凸头并损坏刀具。

如图 1.2 所示,刀具装夹过程中刀具高于或低于工件中心,直接影响刀具的切削性能。车刀刀杆应该与进给方向垂直,以保证主偏角和副偏角不变;为避免加工中产生振动,车刀刀杆伸出长度尽量短,一般不超过刀杆厚度的1.5 倍;内孔车削加工刀杆伸出的长度以被加工孔的长度为准,且大于被加工孔的长度;最少要用刀台上的两个螺钉压紧车刀,并且要求轮流拧紧螺钉。车刀对准工件中心的方法:使用垫片来达到车刀刀尖对准工件中心。垫片一般用 150 ~ 200 mm 的钢片,垫片要垫实,数量应该尽量少。正确的垫法:使垫片在刀头一端与四方刀架垂直于刀杆的边对齐,车刀压紧后,试车切削端面,观察车刀刀尖是否对准中心,调整垫片并进行试切,直到车刀刀尖对准工件中心。

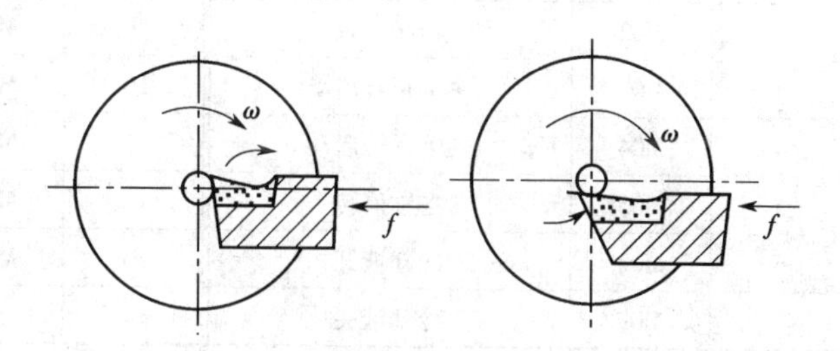

图 1.2　刀尖高于或低于工件中心

1.1.4　数控车床编程基础

【能力目标】

通过本项目的实训,对数控车床编程指令进行全面的学习,要求学生熟悉手工编程的一般步骤及加工程序的结构，熟悉常用的 F、S、T、M 指令的应用及模态与非模态指令的区别。

【知识目标】

①了解辅助功能代码的含义及应用场合。

②掌握 G 代码的含义及应用规则和格式。

③了解符合循环的编程特点及使用场合。

【实训内容】

在 FANUC 系统的数控车床的编程指令里通用 ISO 指令代码，它是国际上通用的数控机床操作语言，不同的系统之间编程指令有基本相同的格式，只是用于不同系统时有微小差别。SK50P 数控车床的 ISO 指令代码有辅助功能（M）代码、刀具选择功能（T）代码和准备功能（G）代码。

1. 辅助功能（M）代码

在程序编制中，辅助功能代码是使机床实现某种特定的功能，如主轴的正反转、冷却液的开关等。在 SK50P 数控车床中，常用的功能代码如表 1.5 所示。

表 1.5　常用功能代码

序　号	项　目	功　能	序　号	项　目	功　能
1	M00	程序暂停	8	M41	主轴低挡
2	M02	程序结束	9	M42	主轴中挡
3	M03	主轴正转启动	10	M43	主轴高挡
4	M04	主轴反转启动	11	M98	调用子程序
5	M05	主轴停转	12	M99	返回主程序
6	M08	冷却液开	13	M30	程序结束并返回程序开始
7	M09	冷却液关			

2. 刀具选择功能（T）代码

在 SK50P 数控车床中用 T 代码来代表刀具更换及工件坐标系的调入。

格式：T＿ ＿；
→ 刀补单元号
→ 刀位号

在刀具选择指令的格式中，T 代码后跟 4 位数字，其中前两位为刀位号，对于四工位电动刀架其刀位号范围为 01 ~ 04；后两位为刀补单元号，取值范围为 01 ~ 99。刀号和刀补号可以随意组合，每个刀具都可以使用多组刀补单元。

例如：选择第二把刀具，准备用第三个刀补单元对第二把刀具进行补偿，必须在程序的适当位置编写语句 T0203 。

3. 准备功能（G）代码

加工程序中，G 代码是使机床建立起某种加工方式的指令。控制数控车床刀具按照程序预定的轨迹移动并完成相应的插补运动和暂停。SK50P 数控车床常用的 G 代码如表 1.6 所示。在这些代码的使用过程中应严格按照格式的规定编写，同时 FANUC 系统中的 G 代码为模态指令（续效指令），一经程序段中指定便一直有效，直到后面出现同组另一指令或被其他指令取消时才失效。编写程序时，与上段相同的模态指令可以省略不写。不同组模态指令编在同一程序段内，不影响其续效，如 G01、G41、G42、G40 以及 F、S 等。

表 1.6　G 代码

序　号	项　目	功　能	序　号	项　目	功　能
1	G00	快速移动定位	9	G42	刀尖圆弧半径右补偿
2	G01	直线插补	10	G70	精加工循环
3	G02	逆时针圆弧插补	11	G71	外圆粗车循环
4	G03	顺时针圆弧插补	12	G72	端面粗车循环
5	G04	暂停	13	G73	封闭切削循环
6	G32	螺纹插补	14	G90	内外直径切削循环
7	G40	刀尖半径补偿取消	15	G92	螺纹切削循环
8	G41	刀尖圆弧半径左补偿	16	G94	台阶切削循环

4. 常用 G 代码应用介绍

(1) G00 快速点定位

格式：G00 X(U)__ Z(W)__；

X、Z 为终点坐标值，U、W 为沿 X、Z 轴的相对移动量。该代码的作用是使刀具以点位控制方式从刀具所在的位置快速移动到目标位置，无运动轨迹要求，无须特别规定进给速度，其移动速度由系统参数控制。

应用图例如图 1.3 所示，程序单句为：

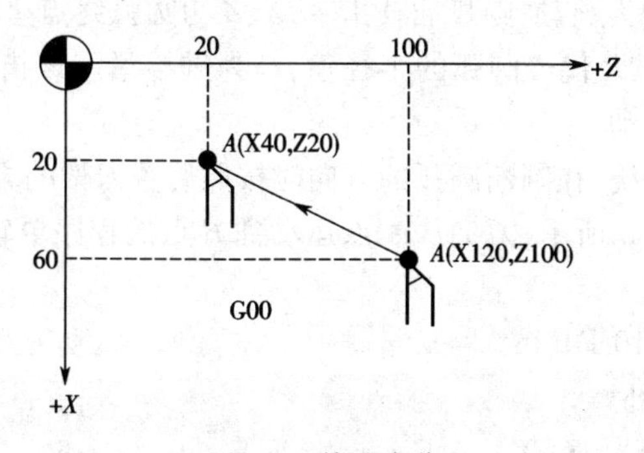

图 1.3　快速定位

G00 X40 Z20；或 G00 U-80 W-80；

(2)G01 直线插补

格式:G00 X(U)__ Z(W)__ F __;

X、*Z* 为直线终点坐标值,*U*、*W* 为沿 *X*、*Z* 轴的相对移动量,*F* 为进给量。该代码用于使刀具沿 *X* 轴、*Z* 轴或沿 *XZ* 平面内任意斜率的直线做直线运动,运动速度由进给量 *F* 来确定。

应用图例如图 1.4 所示,程序单句为:

```
G00 X50 Z5;
G01 Z-100 F0.1;
    X65;
G00 X100 Z100;
```

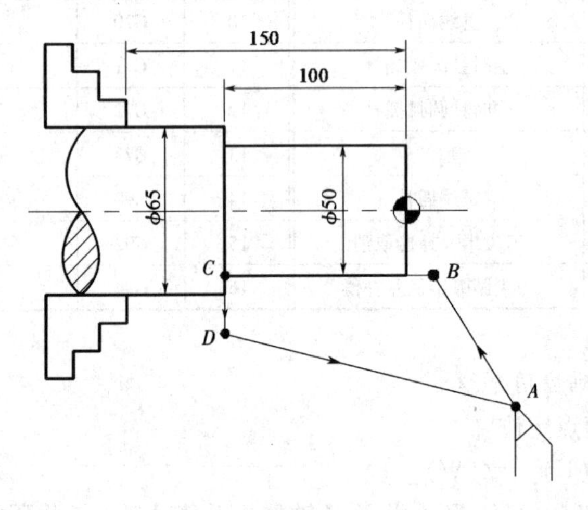

图 1.4　直线插补示意图

(3)G02 和 G03 顺、逆时针圆弧插补

格式:G02(G03) X(U)__ Z(W)__ R __ F __;

G02 和 G03 分别为顺、逆圆弧插补指令,*X*、*Z* 为圆弧终点坐标值,*U*、*W* 为圆弧终点坐标的相对坐标值,*R* 代表圆弧的半径值,*F* 为进给量。该指令可控制刀具沿顺、逆时针方向做圆弧运动。

无论何种数控系统,在判断圆弧的方向时按照后置刀架的方向来进行判断。

应用图例如图 1.5 所示,刀尖从 *A* 点运动到 *B* 点的程序单句为:

```
G00 X16 Z25;
G03 X30 Z10 R10 F0.1;
```

(4)G32 螺纹插补

格式:G32 X(U)__ Z(W)__ F__;

X、*Z*、*U* 及 *W* 的意义及代码的作用与 G02、G03 项相同,*F* 为螺距。该代码能够用于车削圆柱螺纹、圆锥螺纹及端面螺纹。

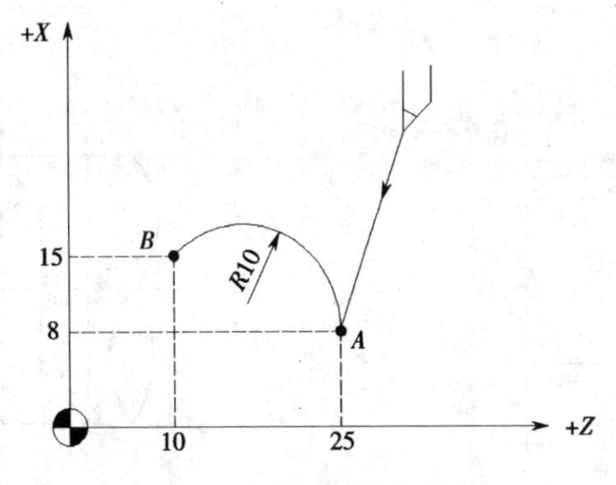

图 1.5　圆弧插补示意图

按照车工工艺的计算方法，可计算得出螺纹的小径。如图 1.6 所示，螺纹切削的末尾单句为：

G32 X28.052 Z-42 F1.5;

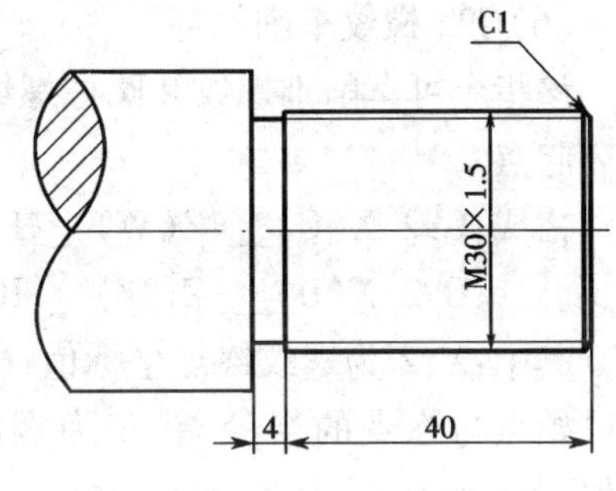

图 1.6　螺纹样件

(5) G90 单一形状的固定循环

该循环主要适用于圆柱面和圆锥面的切削。

1) 外圆切削循环

格式：G90 X(U)__ Z(W)__ F__;

在本指令中，*X*、*Z*、*U*、*W* 的意义为加工的切削终点坐标。刀具自循环的切削起点开始沿着矩形的切削路线进行切削，一个循环完成后刀具返回到起点。

如图 1.7 所示，*A* 点为循环的起刀点，*B*、*C*、*D* 点分别为切削的三个终点。部分加工程序为：

G90 X35 Z-30 F0.1;

X30;

X26;

2) 锥面切削循环

格式：G90 X(U)__ Z(W)__ R__ F__;

利用 G90 指令进行锥面切削循环时，需要增加 *R* 值设置，*R* 为锥体大小端的半径值，锥面起点坐标大于终点坐标时 *R* 值为正，反之为负。

如图 1.8 所示，*A* 点为循环的起刀点，*B*、*C*、*D* 点分别为切削的三个终点。部分加工程序为：

G90 X35 Z-30 R-5 F0.1;

X30;

X26;

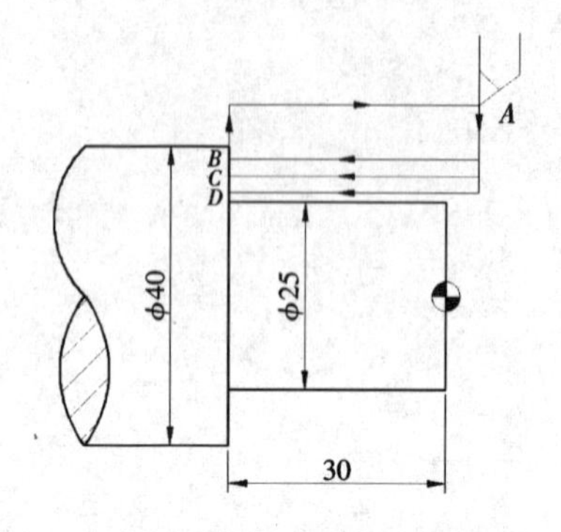

图 1.7　G90 循环轨迹

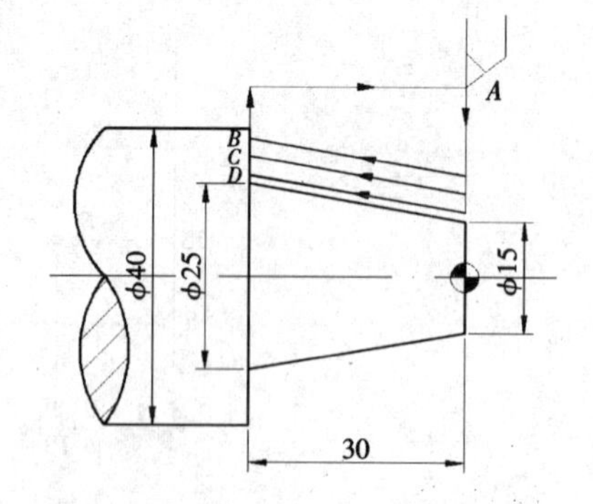

图 1.8　G92 锥度螺纹切削轨迹

(6)G92 螺纹车削循环

该指令可车削锥螺纹和圆柱螺纹,刀具从循环起点开始按梯形循环,最后又回到循环起点。

格式:G92 X(U)__ Z(W)__ F __;

G92 X(U)__ Z(W)__ R __ F __;

其中:X、Z 为螺纹终点坐标值;U、W 为螺纹终点相对循环起点的增量值,R 为锥螺纹始点与终点的半径差,F 为螺距,指令的走刀路线、参数的设置与 G90 指令类似。

(7)多重固定循环

1)G71 外径粗车固定循环

格式:G71 U(Δd)R(e)

G71 P(ns) Q(nf) U(Δu) W(Δw) F __S__T__;

该指令适用于圆柱毛坯料粗车外圆和圆筒毛坯料粗车内径,图 1.9 为用 G71 粗车外径的加工路径。图中,C 是粗车循环的起点,A 是毛坯外径与端面轮廓的交点,Δw 是轴向精车余量,$\Delta u/2$ 是径向精车余量。Δd 是切削深度,e 是回刀时的径向退

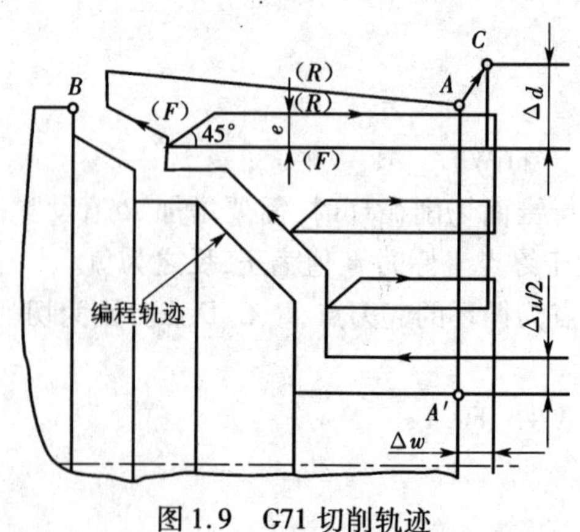

图 1.9　G71 切削轨迹

刀量(由参数设定)。(R)表示快速进给;(F)表示切削进给。

2)G72 外径粗车固定循环

格式:G72 W(Δd) R(e)

G72 P(ns) Q(nf)U (Δu) W(Δw) F__ S__ T__;

该指令适用于圆柱毛坯端面方向粗车,图 1.10 所示为从外径方向往轴心方向车削端面时的走刀路径。指令参数的含义:Δd 为 Z 方向的进刀量,其余参数与 G71 相同。

本指令用于重复切削一个逐渐变换的固定形式,用本循环可有效地切削一个用粗加工锻造或铸造等方式已经加工成形的工件。指令中 Δi 为 X 轴方向退刀距离(半径指定),Δk 为 Z 轴方向退刀距离(半径指定),d 为分割次数。具体的走刀路线如图 1.11 所示。

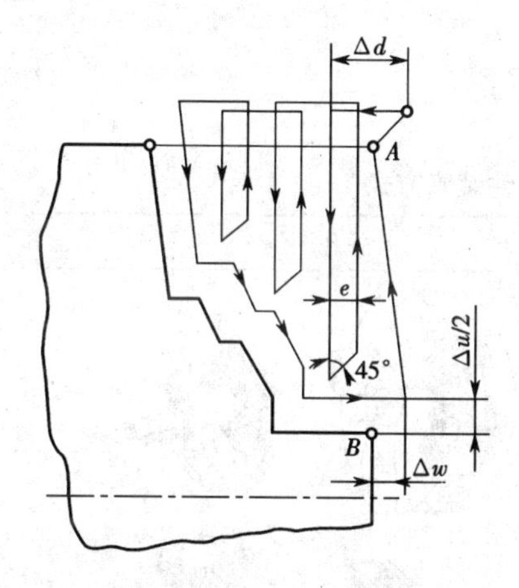

图 1.10　G72 切削轨迹

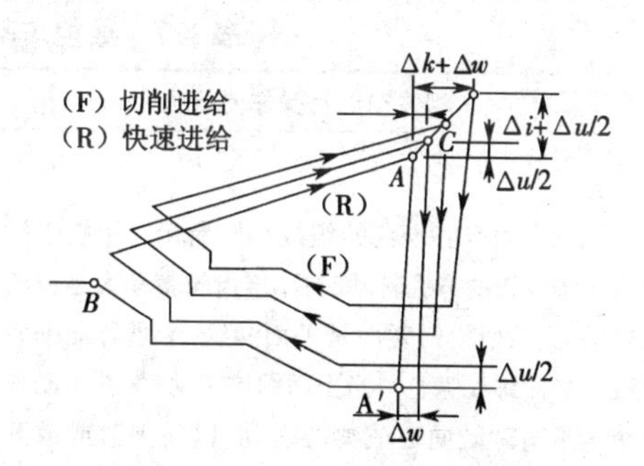

图 1.11　G73 切削轨迹

3)G73 固定形状粗车循环

格式:G73 U(Δi) W(Δk) R(d)

G73 P(ns) Q(nf) U(Δu) W(Δw) D(Δd) F__S__T__;

以上三个固定循环适合于以下不同的加工场合。

G71 指令适合加工直径值沿 Z 负方向不断增大的试件,如果工件的三段圆弧中间部分凹陷,用此指令则不利于加工。

G72 端面切削循环指令其走刀路线类似于普通车床的齐端面过程,采用切削端面的方式将所加工圆弧线段加工出来,但此方法加工时间较长,效率较低。由于切削方向由常见的沿 Z 方向切削改为沿 X 方向切削,使试件加工过程中的径向受力增加,从而影响整个加工的工艺性。

G73 指令适用较为广泛,它克服了 G71 只能加工直径值沿 Z 负方向不断增大和 G72 效率较低、受力不佳的缺点,适合于多段圆弧连接加工,在加工效率上明显优于 G72。

1.1.5 数控车床零件装夹与校正

【能力目标】

通过本项目的实训，学生可了解各种用于车床的夹具及其特点，通过零件的实际装夹过程，明确零件找正的基本步骤，根据零件的具体情况，正确选用各种夹具和装夹工艺，为后续车床实际加工打好基础。

【知识目标】

①了解数控车床通用夹具的种类与装夹方式。

②了解、熟悉和掌握数控车床零件的实际装夹操作。

③熟悉和掌握数控车床零件的找正方法。

【实训内容】

1. 数控车床零件装夹与找正操作

数控车床车削加工零件装夹方式，参见表1.7。

表1.7 数控车削加工的零件装夹方式

相关知识及操作要点	操作图解
三爪自动定心卡盘的组成如图所示。用扳手插入小锥齿轮的方孔转动时，小锥齿轮带动大锥齿轮转动，大锥齿轮的背面是平面螺纹，卡爪背面的螺纹与平面螺纹啮合。当平面螺纹转动时，就带动三个卡爪同时做向心或离心运动，以便夹紧或放开工件	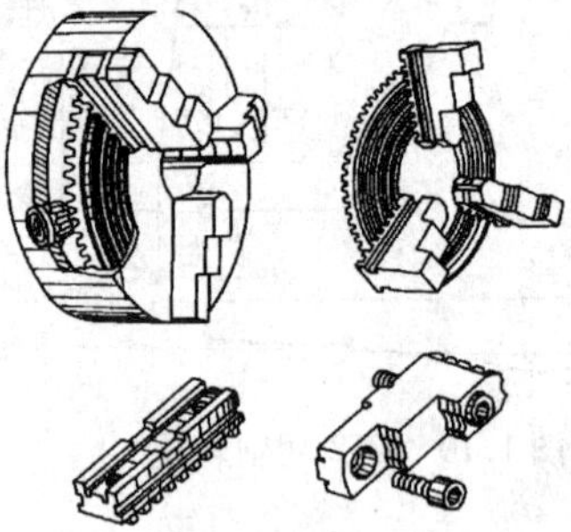
顶尖的作用是实现零件中心的定位，承受工件所受的重力和切削力 前顶尖插在主轴锥孔内随主轴一起旋转 前顶尖随主轴一起旋转，与中心孔无相对运动，不发生摩擦	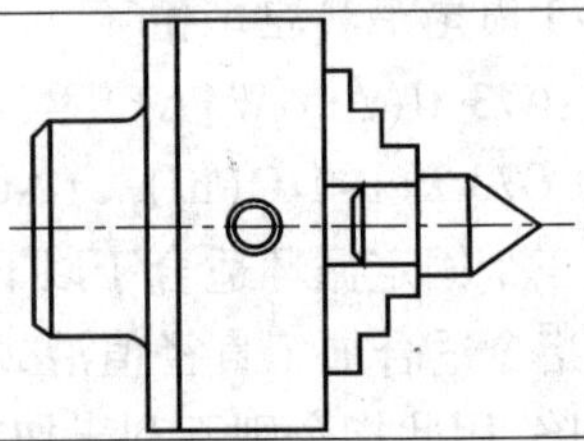
后顶尖插在车床尾座套筒内使用。后顶尖分为固定顶尖和回转顶尖 固定顶尖与工件中心孔产生滑动摩擦而发生高热，目前一般多采用镶硬质合金的顶尖 安装前后顶尖前，必须把顶尖锥柄和锥孔擦拭干净，拆除后顶尖时，可摇动车床尾座手轮，使车床尾座套筒缩回，利用丝杠的前端将后顶尖顶出	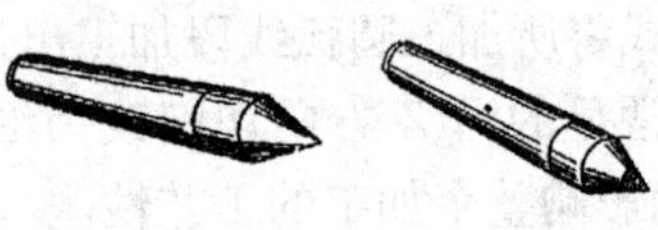

续表

相关知识及操作要点	操作图解
回转顶尖能够承受很高的旋转速度，与工件中心孔的摩擦是滚动摩擦，在加工中广泛应用	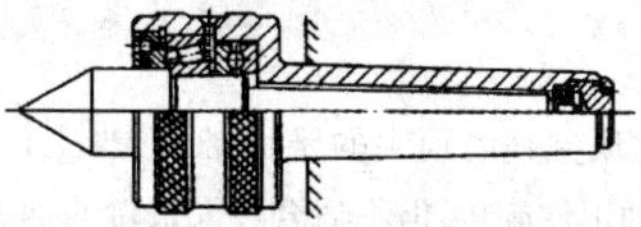
前后顶尖定位的优点是定心正确可靠，安装方便。主要用于精度要求较高的零件加工 对于质量较大、加工余量较大和加工精度要求较高的工件装夹，一般采取工件前端用三爪自动定心卡盘夹紧，工件后端用后顶尖顶紧的装夹方法	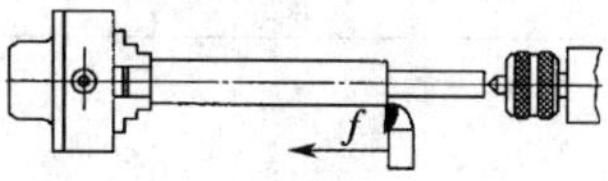 f
对分夹头或鸡心夹头装夹时，前后顶尖对工件起定心和支撑作用，对分夹头或鸡心夹头的作用是带动工件的旋转	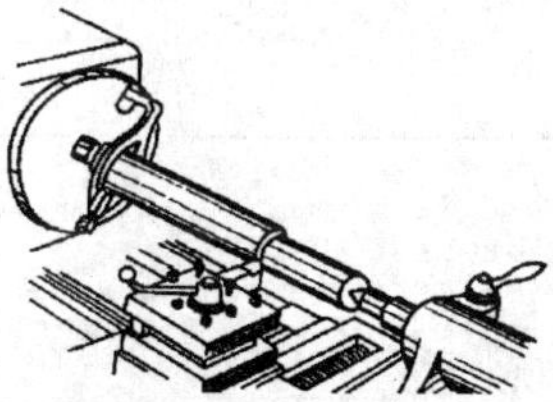
可以用三爪自动定心卡盘代替对分夹头或鸡心夹头	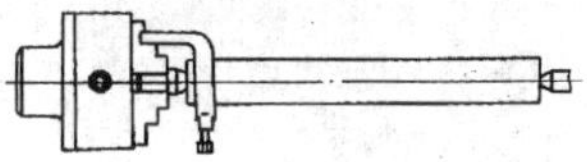
普通芯轴采用已加工完成的孔为基准，可以保证工件内外表面的同轴度，适用于批量生产。常见芯轴有圆柱芯轴和小锥度芯轴	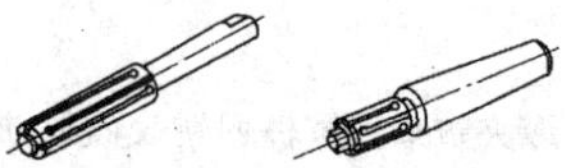
弹簧芯轴可同时达到定心和夹紧功能，是一种定心夹紧装置	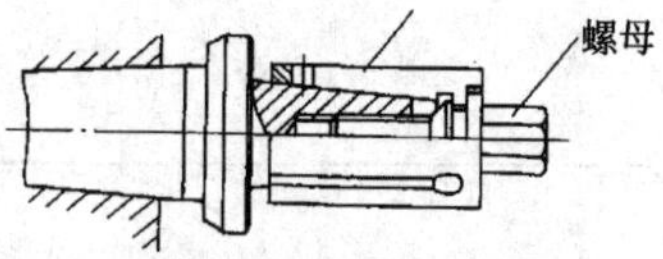 螺母
弹簧夹套特点是装夹方便，精度高，主要用于精加工的外圆表面定位	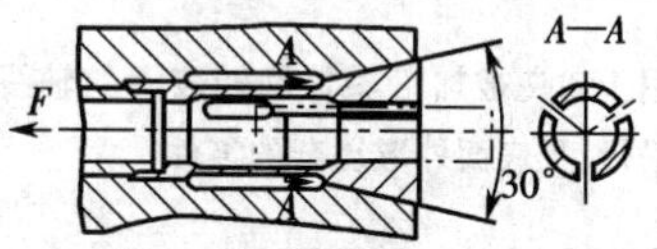 A—A A F 30°
四爪卡盘主要用于加工精度不高、偏心距较小、长度较短的工件。一般用于单件小批生产，分为正爪和反爪两种形式	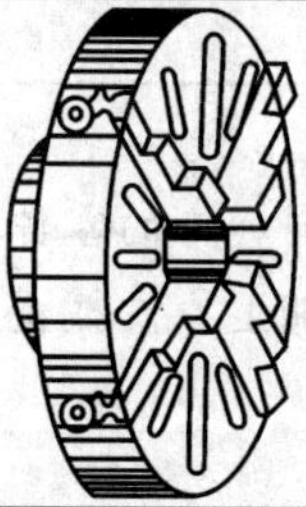

续表

相关知识及操作要点	操作图解
内拨动顶尖其内顶尖的锥面带齿，当工件嵌入时，可拨动工件旋转，但不适合较大余量的加工	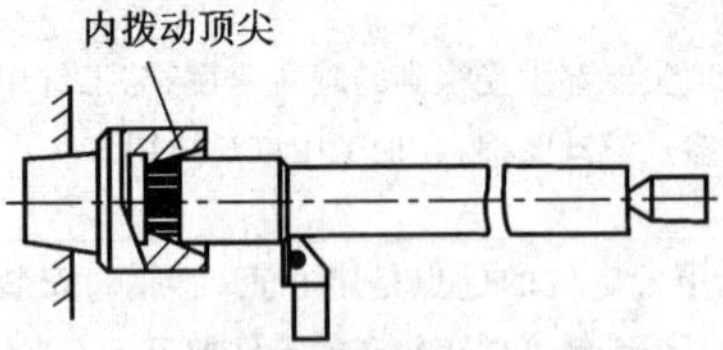 内拨动顶尖
外拨动顶尖其原理与内拨动顶尖相同	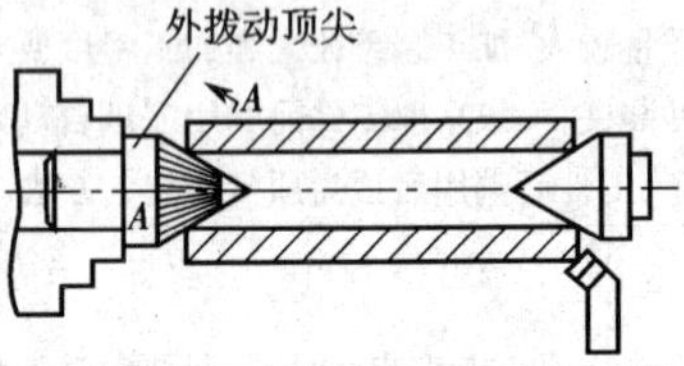 外拨动顶尖 A A
端面拨动顶尖	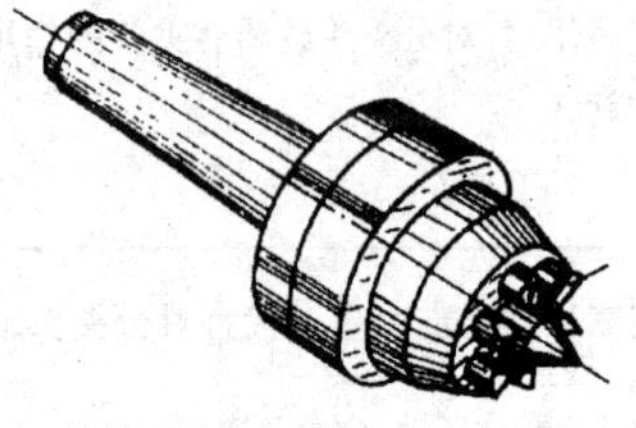
花盘用于装夹被加工零件回转表面的轴线与基准面相垂直，且表面外形复杂的零件	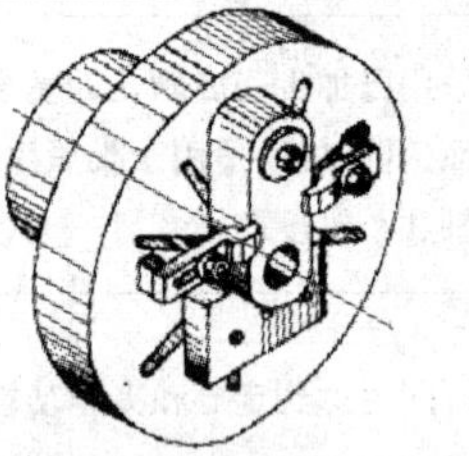
角铁用于装夹被加工零件回转表面的轴线与基准面相平行，且表面外形复杂的零件	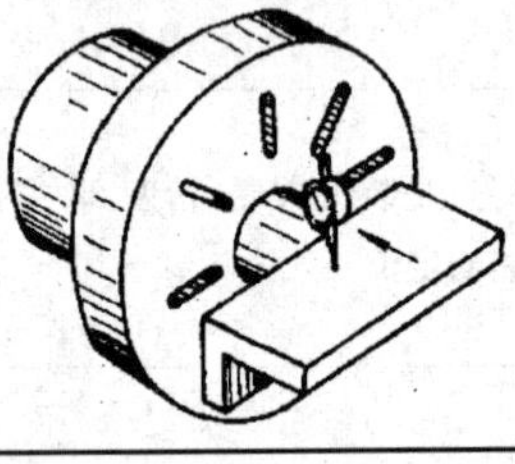

2. 数控车削加工的零件校正

数控车削加工零件找正的方法参见表1.8。

表 1.8　数控车削加工零件校正的方法

相关知识及操作要点	操作图解
当使用三爪卡盘装夹较长或者精度要求较高的工件时,因远离三爪自动定心卡盘的工件端有可能与车床的轴心不重合,所以须进行工件的校正	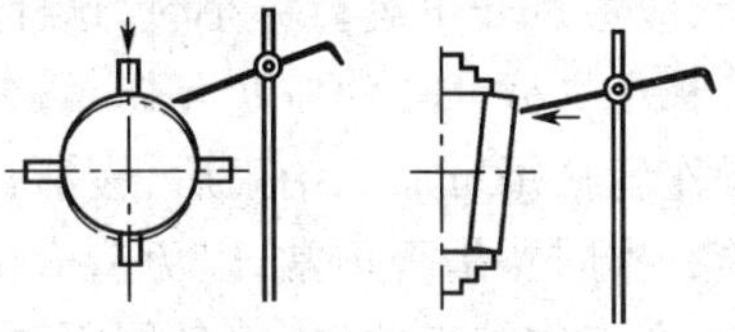
用百分表校正工件的外圆和端面	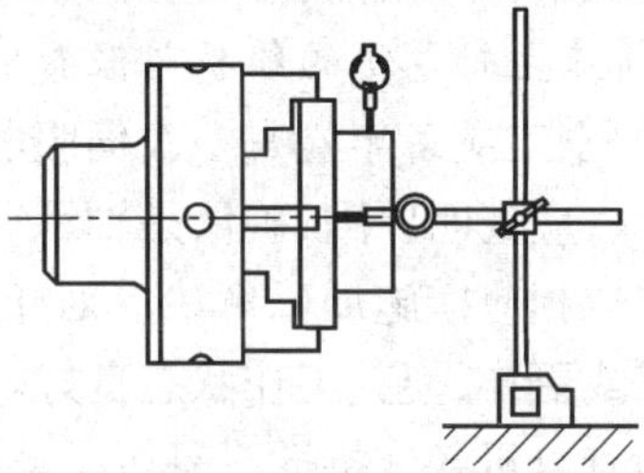
用百分表校正较长工件外圆	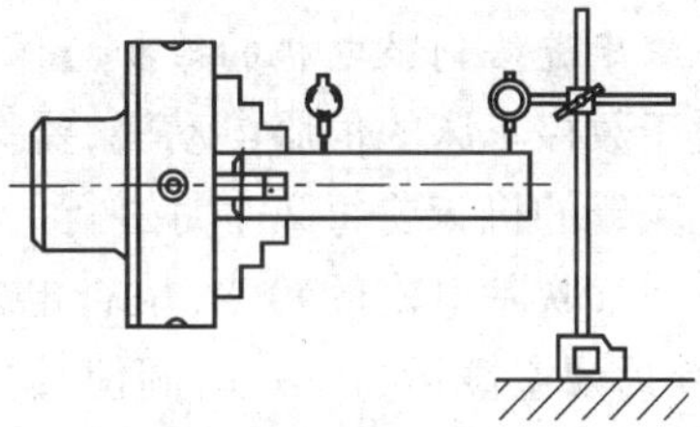

1.1.6　数控车床日常维护与保养

数控车床具有集机、电、液于一身的技术密集和知识密集的特点,是一种自动化程度高、结构复杂且昂贵的先进加工设备。为了充分发挥其效益,减少故障的发生,必须做好日常维护工作,所以要求数控车床维护人员不仅要有机械、加工工艺以及液压气动方面的知识,也要具备电子计算机、自动控制、驱动及测量技术等知识,这样才能全面了解、掌握数控车床,及时搞好维护工作。数控机床主要的日常维护与保养工作的内容如下。

1. 长期不用数控车床的维护与保养

在数控车床闲置不用时,应经常给数控系统通电,在机床锁住的情况下使其空运行。在空气湿度较大的梅雨季节应该天天通电,利用电器元件本身发热驱散数控柜内的潮气,以保证电子部件的性能稳定可靠。

2. 数控系统中硬件控制部分的维护与保养

每年让有经验的维修电工检查一次。检测有关的参考电压是否在规定范围内,如电源模块的各路输出电压、数控单元参考电压等;检查系统内各电器元件连接是否松动;检查各功能模块使用风扇运转是否正常并清除灰尘;检查伺服放大器和主轴放大器使用的外接式再生放电单元的连接是否可靠，清除灰尘；检测各功能模块使用的存储器后备电池的电压是否正常，一般应根据厂家的要求定期更换。对于长期停用的机床，应每月开机运行 4 小时，这样可以延长数控机床的使用寿命。

3. 机床机械部分的维护与保养

操作者在每班加工结束后，应清扫干净散落于拖板、导轨等处的切屑；在工作时注意检查排屑器是否正常，以免造成切屑堆积、损坏导轨精度、缩短滚珠丝杠与导轨的寿命；在工作结束前，应将各伺服轴回归原点后停机。

4. 机床主轴电机的维护与保养

维修电工应每年检查一次伺服电机和主轴电机。着重检查其运行噪声、温升，若噪声过大，应查明原因，确认是轴承等机械问题还是与其相配的放大器的参数设置问题，并采取相应措施加以解决。对于直流电机，应对其电刷、换向器等进行检查、调整、维修或更换，使其工作状态良好。检查电机端部的冷却风扇运转是否正常并清扫灰尘；检查电机各连接插头是否松动。

5. 机床进给伺服电机的维护与保养

对于数控车床的伺服电动机，要每 10 ~ 12 个月进行一次维护保养，加速或者减速变化频繁的机床要每 2 个月进行一次维护保养。维护保养的主要内容有：用干燥的压缩空气吹除电刷的粉尘，检查电刷的磨损情况，如需更换须选用规格相同的电刷，更换后要空载运行一定时间使其与换向器表面吻合；检查清扫电枢整流子以防止短路；如装有测速电机和脉冲编码器时，也要进行检查和清扫。数控车床中的直流伺服电机应每年至少检查一次，一般应在数控系统断电，并且电动机已完全冷却的情况下进行检查；取下橡胶刷帽，用螺钉旋具刀拧下刷盖取出电刷；测量电刷长度，如 FANUC 直流伺服电动机的电刷由 10 mm 磨损到小于 5 mm 时，必须更换同一型号的电刷；仔细检查电刷的弧形接触面是否有深沟和裂痕，以及电刷弹簧上有无打火痕迹。如有上述现象，则要考虑电动机的工作条件是否过于恶劣或电动机本身是否有问题。用不含金属粉末及水分的压缩空气导入装电刷的刷孔，吹净粘在刷孔壁上的电刷粉末。如果难以吹净，可用螺钉旋具尖轻轻清理，直至孔壁全部干净为止，但要注意不要碰到换向器表面。重新装上电刷，拧紧刷盖。更换了新电刷后应使电动机空运行跑合一段时间，以使电刷表面和换向器表面相吻合。

6. 机床测量反馈元件的维护与保养

检测元件采用编码器、光栅尺的较多，也有使用磁尺、旋转变压器等。维修电工每周应检查一次检测元件连接是否松动，是否被油液或灰尘污染。

7. 机床电气部分的维护与保养

具体检查可按如下步骤进行。

①检查三相电源的电压值是否正常，有无偏相，如果输入的电压超出允许范围则进行相应调整。

②检查所有电气连接是否良好。

③检查各类开关是否有效,可借助于数控系统 CRT 显示的自诊断画面及可编程机床控制器(PMC)、输入输出模块上的 LED 指示灯检查确认,若不良则应更换。

④检查各继电器、接触器是否工作正常,触点是否完好,可利用数控编程语言编辑一个功能试验程序,通过运行该程序确认各元器件是否完好有效。

⑤检查热继电器、电弧抑制器等保护器件是否有效。电气控制柜及操作面板显示器的箱门应密封,不能用打开柜门使用外部风扇冷却的方式降温。操作者应每月清扫一次电气柜防尘滤网,每天检查一次电气柜冷却风扇或空调是否运行正常。

8. 机床润滑部分的维护与保养

各润滑部位必须按润滑图定期加油,注入的润滑油必须清洁。润滑处应每周定期加油一次,找出耗油量的规律,发现供油减少时应及时通知维修工检修。操作者应随时注意 CRT 显示器上的运动轴监控画面,发现电流增大等异常现象时,及时通知维修工维修。维修工每年应进行一次润滑油分配装置的检查,发现油路堵塞或漏油应及时疏通或修复。底座里的润滑油必须加到油标的最高线,以保证润滑工作的正常进行。因此,必须经常检查油位是否正确,且润滑油应 5 ~6 个月更换一次。由于新机床各部件的初磨损较大,所以第一次和第二次换油的时间应提前为每月换一次,以便及时清除污物。废油排出后,箱内应用煤油冲洗干净(包括床头箱及底座内油箱),同时清洗或更换滤油器。

任务 1.2　数控车床的基本操作实训

数控车床的基本操作是数控车床实训课程的重要实训内容,也是数控车削加工的基础,学习数控车床的基本操作也是数控车削技术的切入点。本部分实训项目以宝鸡忠诚机床股份有限公司生产的 SK50P 数控车床及配备的 FANUC 0I MATE－TC 数控系统为例,通过数控车床面板基本操作、程序编辑操作、建立工件坐标系、刀具半径补偿操作及宇龙数控仿真软件的操作等项目练习,使学生掌握车床的基本操作,并能熟练运用宇龙数控仿真软件,为数控车床加工项目的进行奠定基础。

1.2.1　FANUC 系统数控车床操作面板实训

【能力目标】

通过本项目的实训,使学生学会数控车床的手动、手摇、回零、MDI、自动等面板的操作,明确机床操作面板上各个按键的具体含义及位置,以便熟练操控车床,并举一反三,与其他厂家所生产的数控车床进行对比,增强对各种车床操作的适应性。

【知识目标】

①明确 SK50P 数控车床操作面板各个键的功能。

②掌握 SK50P 数控车床操作面板各个键的具体使用方法。

③掌握手轮控制数控车床的基本步骤和进给方向的辨别。

④掌握快速进给和工作进给倍率控制。

【实训内容】

本项目的实训过程中,以宝鸡机床厂生产的 SK50P 数控车床操作面板为例介绍面板操作中各个按键的功能及注意事项,操作面板实物如图 1.12 所示。

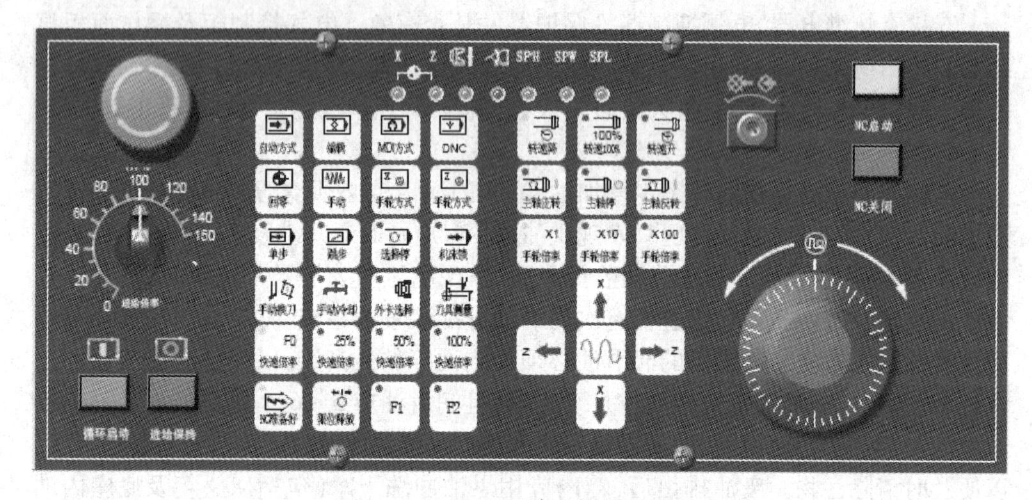

图 1.12　SK50P 数控车床操作面板

1. NC 电源启动按钮

在电柜右侧空气开关闭合后,按下此按钮即可启动 NC 系统。

2. NC 电源关闭按钮

车床停止工作,按下此按钮即可关闭 NC 系统。

3. 急停按钮

车床在自动或手动操作方式下,发生紧急情况时按下此按钮,机床立即停止运转。急停按钮在停止状态下锁住,要使急停复位必须按下并顺时针旋转急停按钮。

注意:

①此按钮只有需要紧急停车时才使用它,一般不要使用;

②急停按钮按下后所有电机断电;

③控制单元保持复位状态;

④故障排除后释放急停;

⑤急停释放后手动或用 G28 返回参考点。

4. 循环启动按钮

在自动或 MDI 方式下,按下图 1.13 所示按钮,按钮灯亮,程序开始执行。

5. 进给保持按钮

在自动方式或 MDI 方式下,按下图 1.14 所示按钮,按钮灯亮,机床停止移动。当再次按下此按钮时,进给保持被解除,其灯灭,程序继续执行。进给保持按钮对螺纹指令无效,执行螺纹切削完毕后才停止。

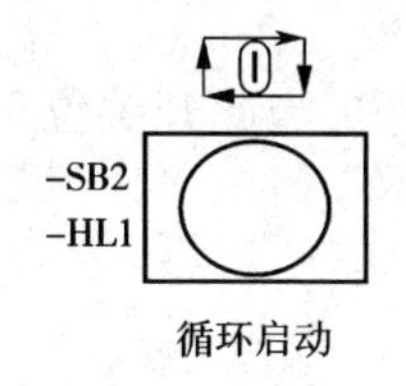

图 1.13　循环启动按钮

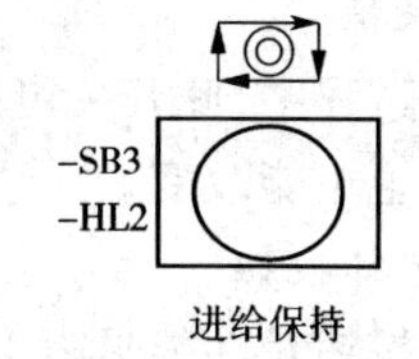

图 1.14　进给保持按钮

6. 进给倍率波段开关

手动或自动运行期间的指定进给量与此开关进给倍率相乘，倍率变化间隔为 10%，可以调节 0% ~150%，共分 16 挡，如图 1.15 所示。

图 1.15　进给倍率波段开关

7. 手动脉冲发生器(手轮)

在手轮 X(或手轮 Z)方式下可沿 *X* 轴(*Z* 轴)移动刀架。

8. 手摇倍率调节按钮

手摇倍率调节按钮如图 1.16 所示。用手摇脉冲发生器可进行微进给，方式开关选到手轮方式时，在手摇进给期间，手轮旋转一步，相应轴的移动量共有三种选择：1 μm、10 μm、100 μm。

注意：如果以大于 5 r/s 的速度转动手轮，会出现机床移动量和手轮转动量不同的现象。

9. 快速倍率按钮

快速倍率按钮如图 1.17 所示。此三个按钮主要用于车床刀架快速进给运动倍率调节，如表 1.9 所示。

图 1.16　手摇倍率调节按钮

图 1.17　快速倍率按钮

表 1.9　快速进给运动倍率

开关位置	*X* 轴速度($mm \cdot min^{-1}$)	*Z* 轴速度($mm \cdot min^{-1}$)
F0	400	400
25%	1 500	1 500/3 000
50%	3 000	3 000/6 000
100%	6 000	6 000/12 000

10. 程序保护

车床运行过程中,此开关可以用来保护程序不丢失,当此开关位于左边位置时,程序不能输入也不能改变。

11. 方式选择按钮

方式选择按钮及功能见表 1. 10。

表 1. 10 方式选择按钮及功能

方 式	功 能	按 钮
编辑方式	①将程序存入存储器 ②对程序进行建立、修改、删除 ③将存储器里的程序及其他程序编辑输出	编辑方式
自动方式	①执行存储器里的程序 ②可执行程序号搜索	自动方式
MDI 方式	通过 MDI 方式可进行手动数据输入	
手轮方式	*X* 向手轮进给	X 手轮方式
	Z 向手轮进给	Z 手轮方式
手动方式	手动快速进给	手动方式
回零方式	手动返回参考点	回零方式

12. 冷却泵启停开关

相应的指令代码: M08 为冷却液开; M09 为冷却液关。

置方式选择开关于任意位置,冷却按钮(见图 1. 18)

图 1. 18 冷却泵启停开关

按下,其上指示灯亮,冷却泵开始运转,再次按下冷却按钮,冷却液关闭,同时指示灯熄灭,如果在 MDI 方式下运行则用上面所示的指令代码。

13. 选择停按钮

在自动或 MDI 方式下,按下此选择停按钮(见图 1.19),指示灯亮,若程序中有 M01,系统在执行 M01 后停止。若要继续执行下面的程序,再次按下循环启动键。

14. 程序段跳按钮

在自动方式下,按下程序段跳按钮(见图 1.20),指示灯亮,若程序执行到有“/”的程序段时,NC 自动跳过该段而执行下一段没有“/”的程序段。

图 1.19　选择停按钮　　图 1.20　程序段跳按钮

注意:

①跳过的信息不存入存储器,但是当整个程序段被跳转时,此程序段才存入存储器。

②此功能在自动方式下使用。

15. 机床锁按钮

按下机床锁按钮(见图 1.21),红色指示灯亮,车床停止移动,但坐标显示继续随着程序或手动执行而变化。

注意:

①此功能只对移动命令有效,对 M、S、T 命令无效;

②当机床锁有效时,空运行功能也有效,即当机床锁住之后,系统以空运行的速度执行程序;

③机床锁使用完成以后必须重新回一次参考点,重新建立一次机床坐标系,否则会有碰撞的危险;

④快速移动速度随所选的速率修调值而变化;

⑤手动进给速度随进给倍率修调值而变化。

16. 单段按钮

在自动状态下,按下单段按钮(见图 1.22),指示灯亮,正在执行的程序段结束后,程序停止执行。当需要继续执行下一段程序时,按下循环启动键(每按一次,程序就自动向下执行一段)。若放开单段按钮,程序就自动连续执行。

注意:当执行 G32 或 G92 螺纹切削时,即使单段开关打开,进给也不能在当前位置停止。如果停止,主轴还继续旋转,将致使部分丝扣和刀尖相碰,因此当螺纹切削完毕后,下一个非螺纹切削程序段指令执行时,进给才停止。

17. 主轴正转按钮

在手动方式、手轮方式、回零方式下,按主轴正转按钮(见图 1.23),按钮灯亮,主轴正转。在 MDI 方式下,手动输入“M03 S __”;“S”后指定主轴转速,然后按循环启动键使主轴正转。

18. 主轴反转按钮

在手动方式、手轮方式、回零方式下,按主轴反转按钮(见图 1.24),按钮灯亮,主轴反转。在 MDI 方式下,手动输入“M04 S ;”,然后按循环启动键使主轴反转。

图 1.21 机床锁按钮

图 1.22 单段按钮

图 1.23 主轴正转按钮

图 1.24 主轴反转按钮

19. 主轴停按钮

在手动方式、手轮方式、回零方式下,按主轴停按钮,按钮灯亮,主轴停止。在 MDI 方式下,手动输入“M05;”,然后按循环启动键使主轴停止。

20. 外卡选择按钮

外卡选择按钮(见图 1.25),仅当选液压卡盘时有效。

选择液压卡盘内卡/外卡方式,当指示灯亮时表示为内卡方式。

21. 手动换刀按钮

当系统处于手动方式、手轮方式、回零方式时,按下手动换刀按钮(见图 1.26),刀架自动换到下一刀位。如果一直按住换刀键不放,刀架将连续转动,直到放开换刀键后,刀架将换到当前刀位。

注意:无论在何种方式下,换刀位置一定要远离卡盘、工件、顶尖等部位。

图 1.25 外卡选择按钮

图 1.26 手动换刀按钮

22. 主轴转速倍率控制按钮

主轴转速倍率控制按钮如图 1.27 所示。

①按下“转速 100%”按钮，指示灯亮，主轴以给定转速运行。

图 1.27　主轴转速倍率控制按钮

②按下“转速升”按钮，主轴转速递增 50 转，最高升 100 转。

③按下“转速降”按钮，主轴转速递减 50 转。

23. 限位释放按钮

限位释放按钮见图 1.28。

机床移动中，当发生超程报警时，即超程限位开关动作时，CRT 显示“NOT READY”，这时可以在手动、手轮方式下，按住此按钮不放，同时将机床刀架向超程反方向移动，将机床移动到超程范围之内，机床退出限位，系统消除报警。

24. 方向点动按钮

方向点动按钮见图 1.29。

①手动方式下使刀架向 X 轴正方向移动。

②手动方式下使刀架向 X 轴负方向移动。

③手动方式下使刀架向 Z 轴正方向移动。

④手动方式下使刀架向 Z 轴负方向移动。

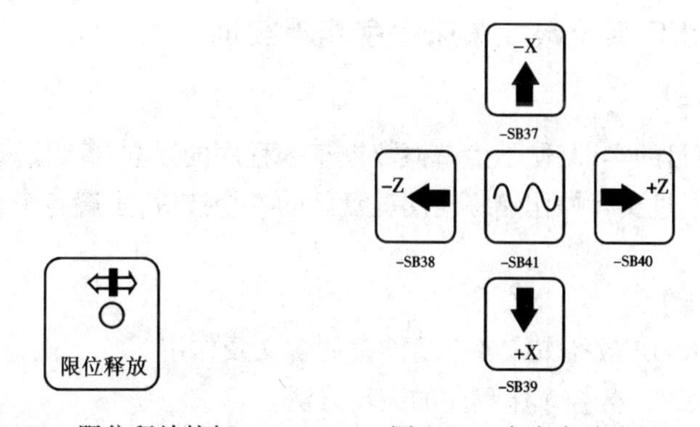

图 1.28　限位释放按钮　　图 1.29　方向点动按钮

25. 快速移动按钮

同时按住快速移动按钮以及所要移动轴的方向按钮，机床将向所选的方向快速移动。

26. X、Z 回零指示灯按钮

X、Z 回零指示按钮见图 1.30。执行 X、Z 轴返回参考点命令，完成后停在机床的 X、Z 轴的参考点位置，此时对应的指示灯亮。

27. 润滑液位低挡警灯

润滑液位低报警灯见图 1.31。当润滑油液位低于正常状态时报警灯亮。

28. 主轴高挡灯、中挡灯、低挡灯

主轴高挡灯、中挡灯、低挡灯见图 1.32。当执行 M43、M42、M41 时,对应的指示灯亮。

29. 刀具测量按钮

刀具测量按钮(见图 1.33)用来测量和输入工件坐标系的位移量和刀偏值。

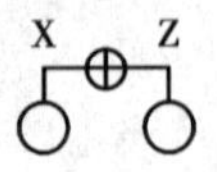

图 1.30　X、Z 回零指示灯按钮

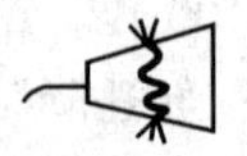

图 1.31　润滑液位低挡警灯

SPH　SPM　SPL

图 1.32　主轴高挡灯、中挡灯、低挡灯

图 1.33　刀具测量按钮

【实训报告】

①写出“回零”操作的顺序步骤。

②在执行程序段“G91 X56 Z25 F10”的过程中,机床的进给速度是多少?

1.2.2　FANUC 系统数控车床程序编辑实训

【能力目标】

通过本项目的实训,使学生掌握数控车床程序的建立、编辑、修改、删除等基本的操作方法,并通过实际操作熟练运用键盘区的各个按键,了解各个功能按键的作用及含义。

【知识目标】

①明确 SK50P 数控车床各个功能键的含义及作用。

②掌握 SK50P 数控车床程序的编辑方法。

【实训内容】

数控车床的基本操作区域包括三部分:机床操作面板区、信息显示区和键盘区。其中信息显示区即显示屏与键盘区连为一体。

键盘区(见图 1.34)内除了基本的字符输入键之外还有多个功能按键,具体功能如表 1.11 所示。

1. 程序的建立

①开机并启动系统,按照上次操作实训的基本内容来操作机床并初始化。

②打开机床的程序显示画面,按下  PROG 键之后将会显示最近编辑的程序。

图 1.34　键盘区

表 1.11　键盘按键功能

按　键	功　能	按　键	功　能
POS	位置显示键	SHIFT	字符上挡键
PROG	程序显示键	CAN	缓冲区删除键
OFS/SET	刀具偏置键	INPUT	输入键
SYETEM	系统参数	ALTER	字符替换键
MSG	系统信息键	INSERT	字符插入键
CSTM/GR	图形显示键	DELETE	字符删除键
PAGE	翻页键	RESET	复位键

③按下控制面板上编辑方式键,程序处于可编辑状态。

④按下屏幕下方软菜单键“DIR”,显示出当前系统中所存在的所有以“O”开头的程序,如图 1.35 所示。

图 1.35　程序列表对话框

⑤通过系统主键盘区输入程序名如“O1020”，并按下键盘键INSERT，显示屏上会出现以程序名 O1020 开头的程序，如图 1.36 所示。

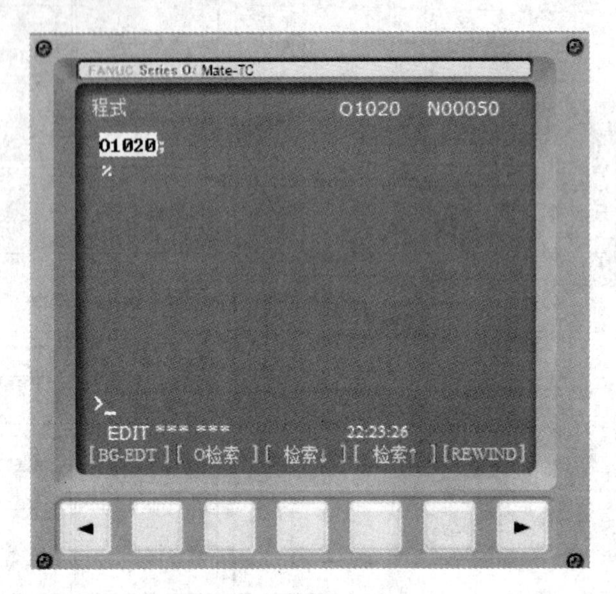

图 1.36 程序键入画面

2. 程序的输入

程序建立完成之后，首先按下EOB键，这时会在程序的下方语句缓冲区内显示“;”，按下键盘上的INSERT键即可将分号插入程序内，并在程序名下方自动生成语句号“N10”，即第一句开始建立。

3. 程序的修改

在程序的输入过程中，会出现输入错误现象，为此应立即进行程序的更正。更正操作方法大致分以下几种情况。

①如果在缓冲区中输入了错误的字符，直接按下CAN键从右至左依次删除错误的字符，单按一次则会相应自右至左删除一个字符。

②改正已输入到程序中的字符错误，按下光标键将光标移动到要改正的字符之上，在数字缓冲区内键入要改正的字符或语句，按下ALTER键，光标所在位置字符将被正确字符替换。

③程序中产生未分句现象，将光标移动到要分句的语句末尾，按下EOB键，语句即可被分开。

④程序有语句遗漏。将光标移动到要插入句前句的末尾，键入 EOB 并按下插入 PROG 键，编辑区内将产生一个空白的语句位置，将遗漏语句输入即可。

4. 程序的打开

①将系统置于编辑方式下，按下 PROG 键，这时显示屏上将会出现系统中所存的所有以“O”开头的程序。

②按下软菜单“DIR”即可显示当前系统所存程序列表。

③在主键盘区可用光标键移动光标来查找当前系统内所有的程序。

④将待打开的程序号输入到数据缓冲区，按下软菜单键“O 检索”，程序将显示在屏幕上。

5. 程序的删除

①将系统置入“编辑方式”下，按下 PROG 键。

②将欲删除的程序全名键入到系统缓冲区内，按下 DELETE 键。

③系统出现提示“EDIT DELET O××××?”。

④按下“EXEC”软菜单键，则指定程序被删除。

注意：如果在程序的编辑过程中因错误的输入而发生报警，按下复位 RESET 键，即可消除报警。

1.2.3　FANUC 数控车床刀具半径补偿实训

【能力目标】

通过本项目的实训，使学生掌握数控车床刀尖圆弧半径补偿的原理，掌握刀具补偿的指令及运用的方法，根据零件的加工要求迅速确定工件的补正方案，并能熟练地进行刀补的添加和删除操作。

【知识目标】

①明确刀尖圆弧半径补偿的含义及作用。

②掌握数控车床刀补添加、删除和调整的方法及步骤。

③掌握刀补添加的规则和注意事项。

【实训内容】

当今使用的数控系统大都具备刀具半径的自动补偿功能，在程序的编制过程中只需按照零件本身的实际轮廓尺寸进行编程即可，而不必考虑刀具刀尖的圆弧半径大小。半径补偿在数控铣床操作中应用最为广泛，而车床的加工过程中如被加工工件存在较严格的锥度、圆弧等结构，则车刀刀尖圆弧易造成工件加工后的形状误差，影响加工质量，应使用车床刀补。

1. 刀尖圆弧半径概念

数控车床所使用的刀具，无论是机夹刀具还是普通的焊接刀具，在刀尖部分都存在一个刀尖圆弧,其半径较难准确测量,在编程的过程中若以不存在圆弧的假想刀尖作为切削点,则编程较简单,当车削外圆和端面时,刀尖圆弧不会对工件的加工造成影响,当车削倒角、斜面、圆弧等曲面时就会产生加工误差。图 1.37 所示为刀尖圆弧半径对切削造成的欠切削和过切削影响。

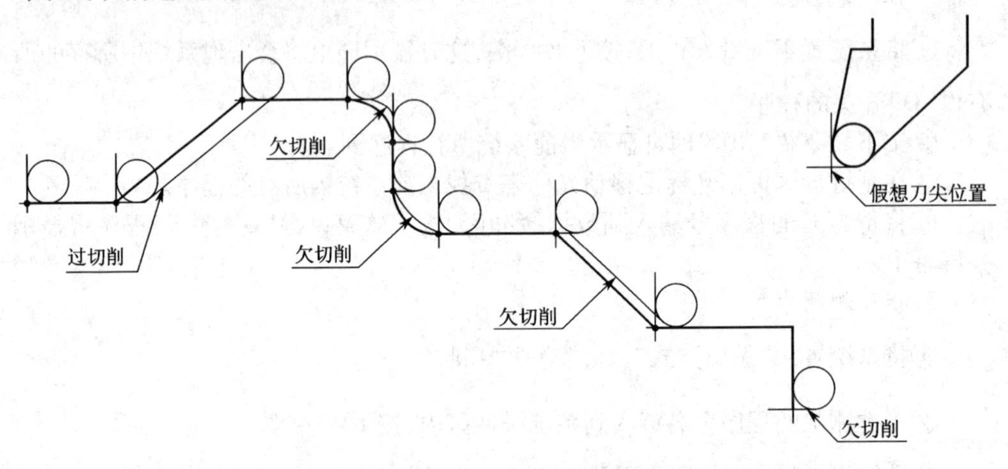

图 1.37　欠切削和过切削示意图

在编程过程中若以圆弧中心编制程序,即可避免图 1.37 所示的欠切削和过切削现象,但人工计算刀位点坐标较为烦琐,且随着半径值的变化,程序将相应地改动,编程效率极低。为此数控系统增加了刀具半径补偿功能,程序编制者可直接按照图纸轮廓进行编程,系统通过相应的半径补偿指令进行自动补偿,即可完成对工件的合理加工。

2. 刀具半径补偿指令

①G41:刀尖圆弧半径左补偿指令。假定工件固定不动的情况下,沿刀具的移动方向看,刀具位于工件轮廓的左边,如图 1.38(a)所示。

②G42:刀尖圆弧半径右补偿指令。假定工件固定不动的情况下,沿刀具的移动

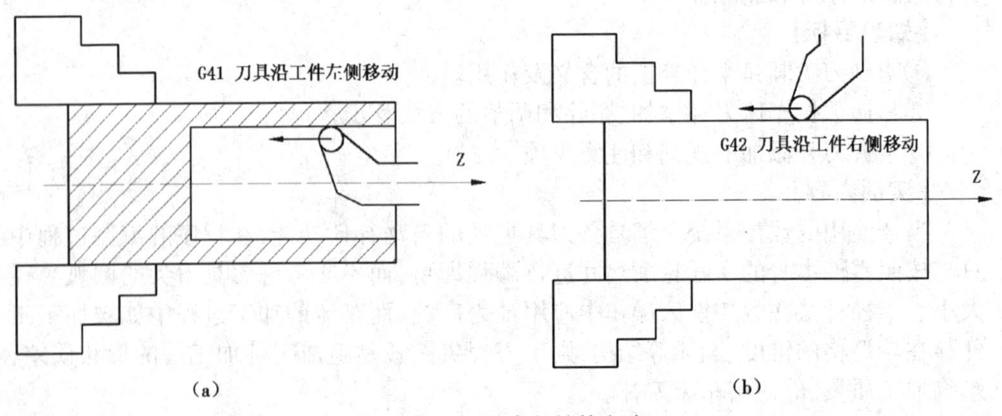

图 1.38　刀具半径补偿方式
(a)左补偿;(b)右补偿

方向看,刀具位于工件轮廓的右边,如图 1.38(b)所示。

③G40:取消刀尖圆弧半径补偿指令。

在数控车床上,刀尖圆弧半径补偿的方向与刀架的位置有关,因此无论操作者使用的车床是前置刀架还是后置刀架,均可按照后置刀架的方法来判断是左补偿还是右补偿。

3. 刀具半径补偿的设定

在进行刀具半径补偿之前,首先要对刀具半径补偿代码进行选择,数控车床刀具半径补偿共有 8 种补偿代码 0 ~ 8,即 8 种假想刀尖圆弧位置。图 1.39 所示为补偿代码及应用实例。

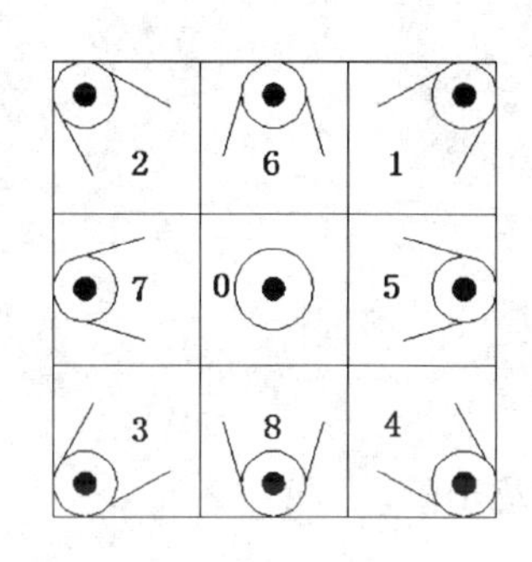

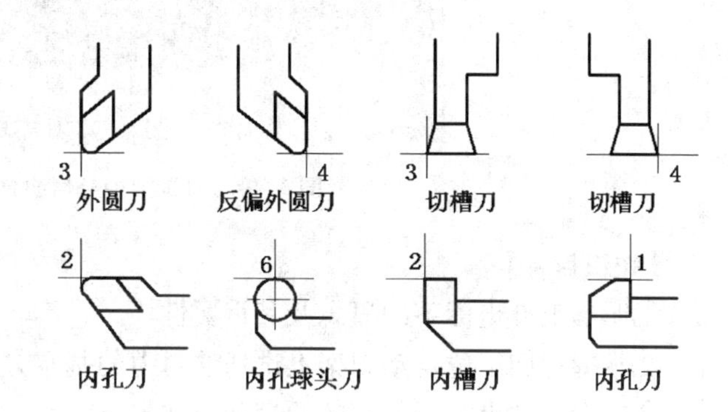

图 1.39　刀具半径补偿代码

①首先在程序的编制过程中按照图纸轮廓编程,增加 G41 或 G42 指令,同时两指令必须与 G00 或 G01 指令一起使用,切削完成后使用 G40 取消补偿。

②工件中如果存在圆锥和圆弧,需要在精车的前一段程序中建立刀补,一般在切入工件时的程序段中建立刀补。

③在“刀具补偿”页面的刀具半径处输入所使用刀具的刀尖半径值,如图 1.40 所示。

④打开刀具半径补偿页面,输入所使用刀具的半径补偿代码,如图 1.40 所示。

4. 刀具半径补偿注意事项

①刀具半径补偿的建立和取消不应在 G02、G03 圆弧轨迹程序段进行。

②刀具半径补偿取消时,刀具位置的变化是一个渐变的过程。

③如果输入的刀具半径数值为负值,则在 G41 和 G42 间相互转化。

④在 G71、G72、G73 等简化编程时,G41 和 G42 无效。

1.2.4　FANUC 系统数控车床建立工件坐标系实训

【能力目标】

通过本项目的实训,使学生掌握利用试切法对刀建立工件坐标系的方法和步骤,并通过调整刀具磨耗值进行工件坐标系的微调,保证零件的加工质量。

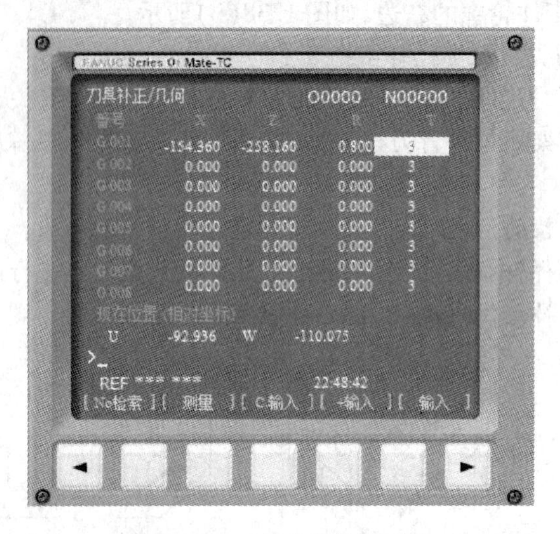

图 1.40　刀具半径补偿页面

【知识目标】

①明确工件坐标系的概念及其重要性。

②掌握在四工位自动刀架上试切法对刀的基本方法及步骤。

③掌握工件坐标系偏移的原理和方法。

④熟练运用修改刀具磨耗的方法进行工件坐标系的微调。

【实训内容】

工件坐标系的建立又称为对刀,是数控车削加工之前首先应做的基本工作之一,也是关系到被加工工件加工质量的关键因素之一。在全功能的数控车床中,数控系统具有自动刀位的计算功能,在加工过程中根据指令要求自动进行刀具的更换及相应刀具补偿数据的调用。

1. 对刀的概念

数控加工过程中,往往需要几把不同的刀具,由于在刀具的安装过程中每把刀的安装位置和形状不同,其刀尖所处的位置也各有不同,而为保证加工质量,数控系统要求每把刀的刀尖位置在车削之前应处于同一点,否则零件的加工程序就缺少一个共同的基准点。因此,在车削操作之前,通过人工操作调整每把刀的刀尖位置,使刀架转位后每把刀的刀尖都重合在同一点,这一过程称为数控车床工件坐标系的建立,又称对刀。

对刀的方法有多种,常用的有手动试切法对刀、机外对刀仪对刀和自动对刀等。

2. 数控车床对刀步骤

本节介绍的对刀方法为最常用的手动试切法对刀,使用宝鸡机床厂生产的 SK50P 数控车床,四工位电动刀架共装有三把车刀,外圆车刀(1 号刀)、切槽刀(2 号刀)、螺纹刀(3 号刀)。

①首先使用 MDI 方式将 1 号车刀调出到工作位置,启动主轴正转,使用 1 号刀车削工件的右端面,刀具位置确定后沿 X 轴负方向切削端面,完成后沿 X 轴退回,Z 方向不能移动,如图 1.41 所示。按下操作面板上的刀具测量键,刀具的当前位置被记录,打开刀具“偏置画面”(如图 1.42 所示),在“刀具补正/几何”画面中将光标放在番号 G001 行,在缓冲区内输入“Z0”,再按软菜单键的“测量”键,1 号刀 Z 方向对刀完成。

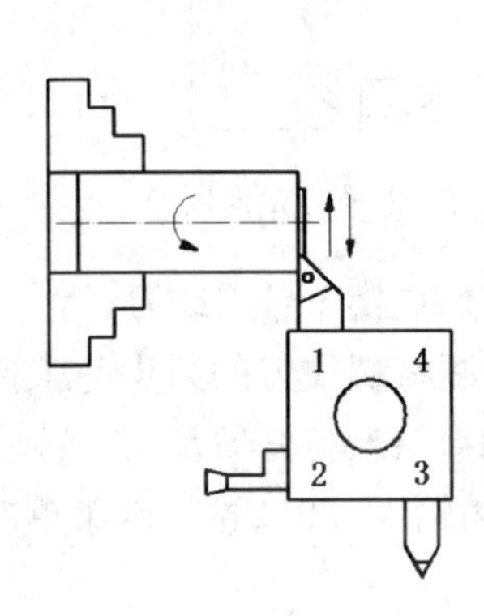

图 1.41　1 号刀 Z 向对刀

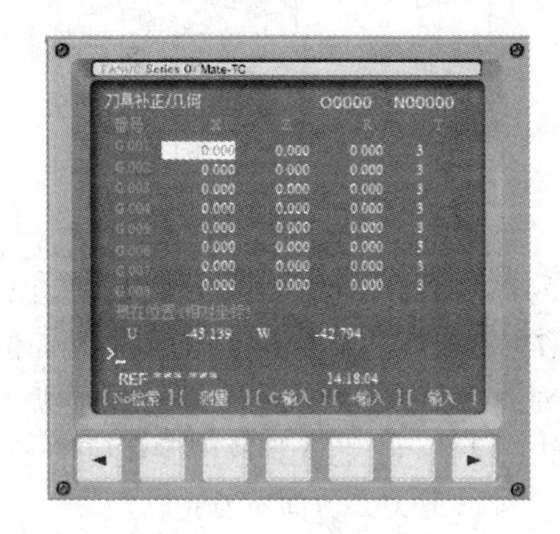

图 1.42　刀具偏置画面

②Z 方向对刀完成后用 1 号刀车削工件外圆,同样在刀具位置确定后沿 Z 轴的负方向切削端面,完成后并沿 Z 方向退回,X 方向不能移动,如图 1.43 所示,按下操作面板上的刀具“测量”键,停止主轴,测量所车外圆的直径值(假设测量值为 ϕ39.98 mm),打开刀具“偏置画面”(如图 1.42 所示),将光标放在番号 G001 行,在缓冲区内输入“X39.98”,再按软菜单键的“测量”键,1 号刀 X 方向对刀完成。

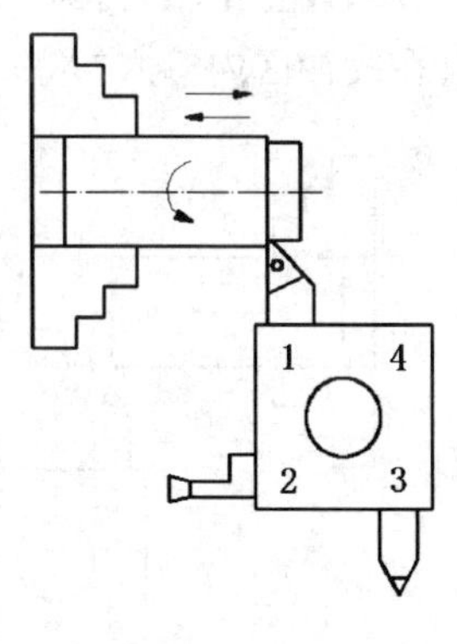

图 1.43　1 号刀 X 向对刀

③将 1 号刀分别沿 X、Z 正方向离开工件到安全位置,更换 2 号切槽刀。

④为保证与 1 号刀所建立的工件坐标系位置重合,利用手轮方式,使用最小进给倍率使切槽刀的左刀尖逐渐靠近被 1 号刀齐平的右端面,如图 1.44 所示,对齐后沿 X 轴的正方向退出,按下操作面板上的刀具“测量”键,打开刀具“偏置画面”(如图 1.42 所示),将光标放在番号 G002 行,在缓冲区内输入“Z0”,再按软菜单键的“测量”键,2 号刀 Z 方向对刀完成。

⑤将 2 号车刀与工件的已车外圆对齐,如图 1.45 所示,对齐后沿 Z 轴的正方向退回,停止主轴,打开刀具"偏置画面"(如图 1.42 所示),将光标放在番号 G002 行,在缓冲区内输入"X39.98",再按软菜单键的"测量"键,2 号刀 X 方向对刀完成。

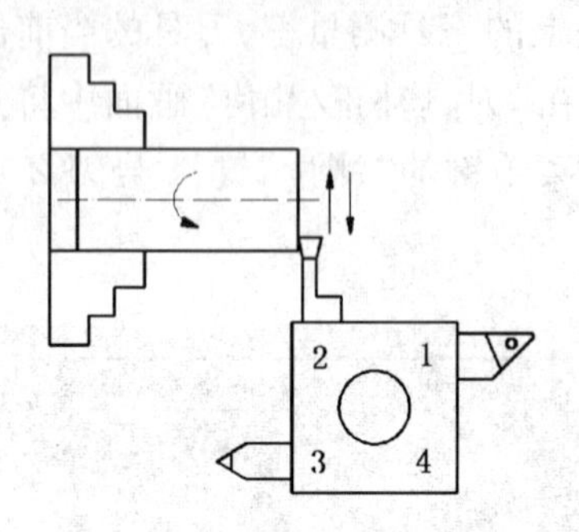

图 1.44 2 号刀 Z 向对刀

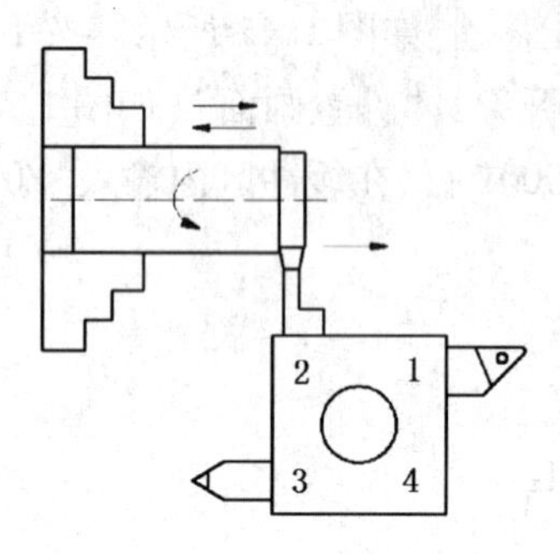

图 1.45 2 号刀 X 向对刀

⑥将 2 号刀分别沿 X、Z 正方向离开工件到安全位置,更换 3 号螺纹刀。

⑦将 3 号螺纹刀移动到工件的右端面位置,通过目测将螺纹刀的刀尖与工件的端面对齐(如图 1.46 所示),按下操作面板上的刀具"测量"键,打开刀具"偏置画面"(如图 1.42 所示),将光标放在番号 G003 行,在缓冲区内输入"Z0",按下软菜单键的"测量"键,3 号刀 Z 方向对刀完成。

⑧将 3 号车刀与工件的已车外圆对齐(如图 1.47 所示),对齐后沿 Z 轴的正方向退回,停止主轴,打开刀具"偏置画面"(如图 1.42 所示),将光标放在番号 G003 行,在缓冲区内输入"X39.98",再按软菜单键的"测量"键,3 号刀 X 方向对刀完成。

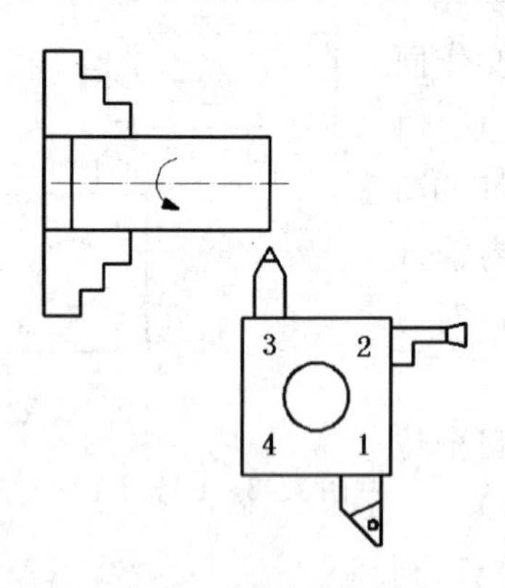

图 1.46 3 号刀 Z 向对刀

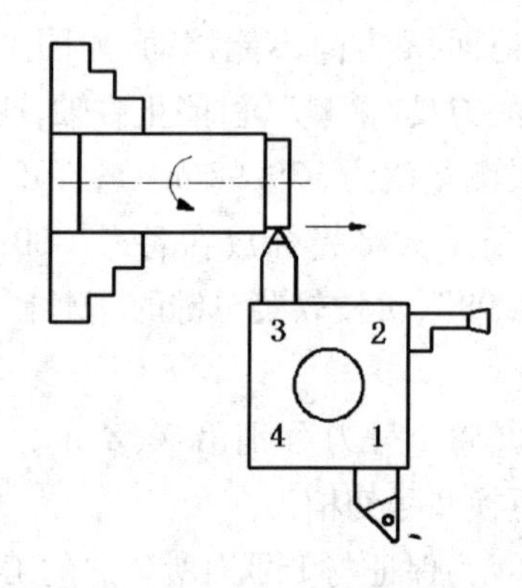

图 1.47 3 号刀 X 向对刀

在整个对刀过程中需要注意,每次向"刀具偏置"画面输入数据须首先按下操作面板的刀具"测量"键。对刀完毕时,由于数控系统没有真正的执行刀具补偿运算,显示屏上显示的绝对坐标可能仍是对刀前的坐标,为此,编程时应在程序的开始加上换刀指令(如 T0101),这时数控系统在自动运行时便可执行刀具补偿。

3. 刀补修正

数控车床在自动加工的过程中当刀具磨损或所加工工件尺寸有误差时,需要通过“刀具磨耗设置”页面进行刀补值的修改。

加工过程中 1 号刀加工外圆产生了误差(如磨损等),按下系统键盘的“OFS/SET”键,找到“刀具补正/磨耗”画面,如图 1.48 所示,在磨耗 *X*、*Z* 方向磨耗为 0 的情况下,例如车削完成后工件的实际加工尺寸应为 ϕ30 mm,结果在实际的检测后测得为 ϕ30.05 mm,直径尺寸偏大 0.05 mm,则在图 1.48(a)所示的画面 W001 行的 X 位置输入“-0.05”,按下软菜单键“输入”键或键盘“INPUT”键输入数据。

如果加工后测得的直径尺寸为 ϕ29.95 mm,尺寸偏小 0.05 mm,则在图 1.48(b)所示的画面位置输入“0.05”,并按下软菜单键“输入”键或键盘“INPUT”键输入数据。

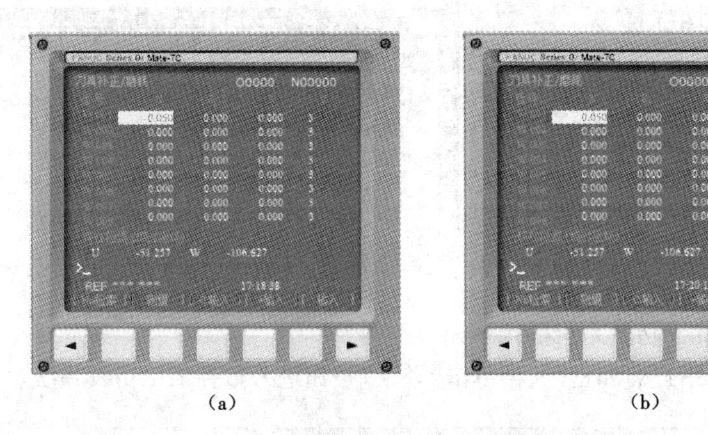

(a)　(b)

图 1.48　刀具磨耗画面

(a)磨耗为 -0.05;(b)磨耗为 0.05

如磨耗画面内 *X*、*Z* 方向的磨耗值已经存在,则需要在原来数值的基础上进行累加,可通过人工累加计算后重新输入,也可通过“+输入”键进行操作。例如,原来数值为 0.1,而尺寸偏大 0.05,可输入“-0.05”后按下“+输入”键,也可直接输入“0.05”按下“输入”键。

长度方向(*Z* 方向)的尺寸发生偏差时,其修改方法与 *X* 方向相同。

1.2.5　宇龙数控车床仿真软件操作

【能力目标】

熟悉 FANUC 0I 数控车床的操作界面,通过实际操作使学生掌握宇龙仿真软件数控车床部分的系统选择、刀具选用、毛坯定制、对刀、程序的编制及模拟等相关内容。

【知识目标】

①掌握宇龙仿真软件的基本操作。

②通过宇龙软件的仿真功能,编制完整工艺路线,完成指定零件的模拟车削加工。

【实训内容】

1. 宇龙(FANUC)数控车床仿真软件的进入和退出

(1)启动加密锁管理程序

依次执行菜单命令“开始”—“程序”—“数控加工仿真系统”—“加密锁管理程序”,如图1.49所示。

加密锁程序启动后,屏幕右下方的工具栏中将出现图标☎。

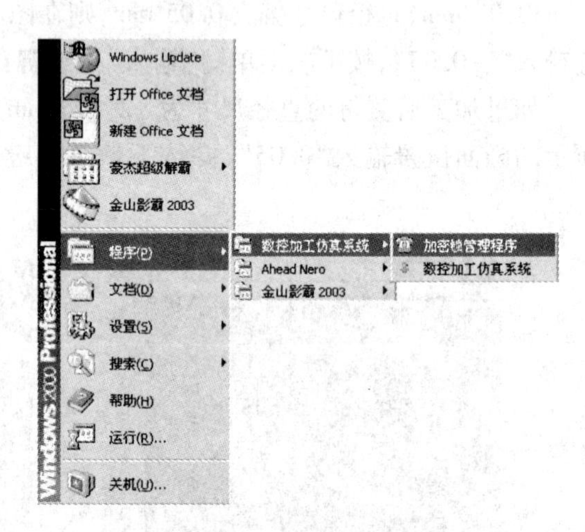

图1.49 宇龙软件启动

(2)运行数控加工仿真系统

依次执行菜单命令“开始”—“程序”—“数控加工仿真系统”—“数控加工仿真系统”,系统将弹出如图1.50所示的“用户登录”界面。

此时,可以通过单击“快速登录”按钮进入数控加工仿真系统的操作界面或通过输入用户名和密码,再单击“登录”按钮进入数控加工仿真系统。

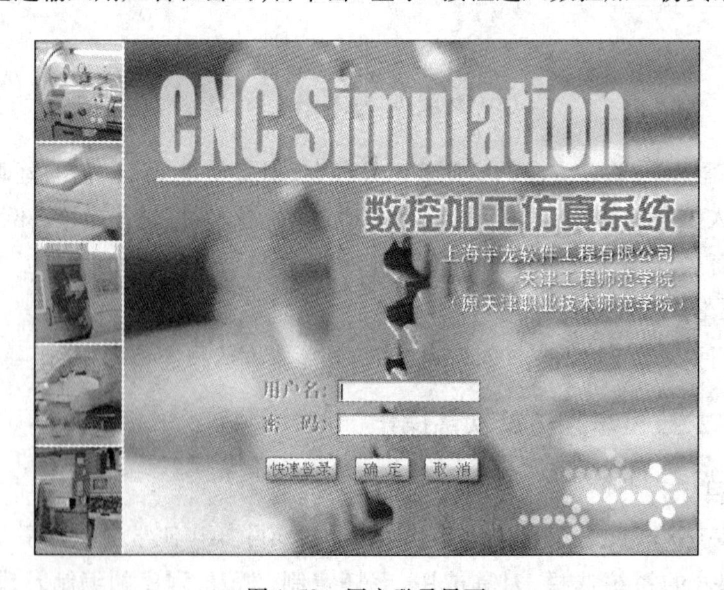

图1.50 用户登录界面

在局域网内使用本软件时,必须按上述方法先在教师机上启动“加密锁管理程序”,待教师机屏幕右下方的工具栏中出现图标☎后,才可以在学生机上依次执行菜单命令“开始”—“程序”—“数控加工仿真系统”—“数控加工仿真系统”登录到软件的操作界面。

(3)用户名与密码

用户名,guest;密码,guest。一般情况下,通过单击“快速登录”按钮登录即可。

(4)退出

单击宇龙仿真软件窗口的“关闭”按钮,就退出了宇龙仿真软件。

2. 机床系统及毛坯的选择

(1)机床及系统的选择

执行菜单命令“机床”—“选择机床”,见图 1.51(a)。在弹出的对话框中选择控制系统类型和相应的机床并按确定按钮,此时界面如图 1.51(b)所示。

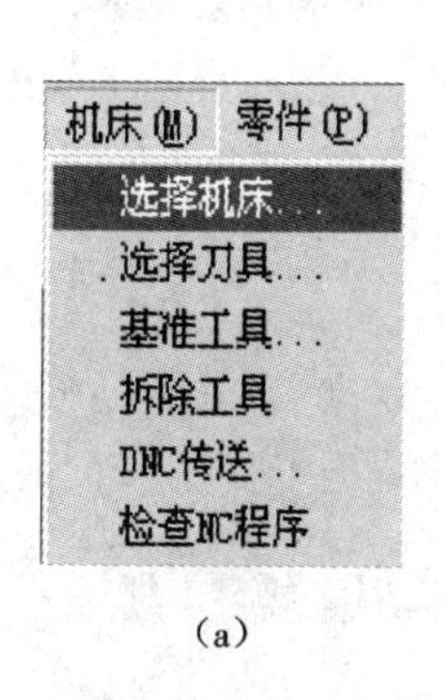

(a)

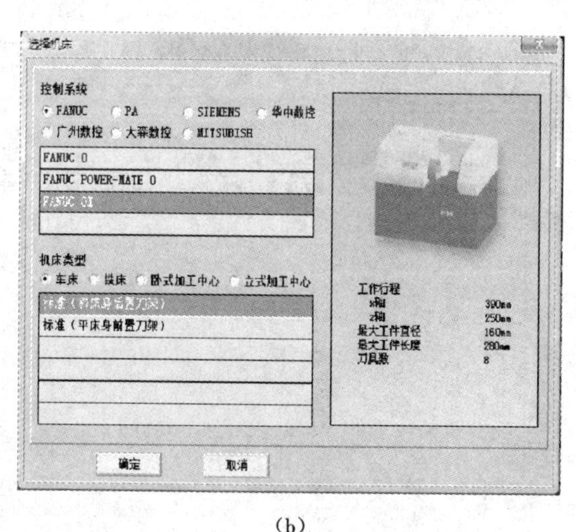

(b)

图 1.51　机床选择

(a)菜单;(b)对话框

(2)毛坯定义

执行菜单命令“零件”—“定义毛坯”或在工具条上选择▱,系统打开图 1.52 所示对话框。

①名字输入:在毛坯名字输入框内输入毛坯名,也可使用缺省值。

②选择毛坯形状:车床提供圆柱形毛坯。

③选择毛坯材料:毛坯材料列表框中提供了多种供加工的毛坯材料,可根据需要在“材料”下拉列表中选择毛坯材料。

④参数输入:在尺寸输入框内输入尺寸,包括总长和直径,单位为 mm。

⑤单击“确定”按钮,保存定义的毛坯并且退出本操作。

⑥单击“取消”按钮,退出本操作。

(3)毛坯放置

执行菜单命令“零件”—“放置零件”或者在工具条上选择图标 ,系统弹出“选择零件”对话框,如图 1.53 所示。

在列表中单击所需的零件,选中的零件信息加亮显示,按下“安装零件”按钮,系统自动关闭对话框,零件和夹具(如果已经选择了夹具)将被放到机床上。如果进行过“导入零件模型”的操作,对话框的零件列表中会显示模型文件名,若在类型列表中选择“选择模型”,则可

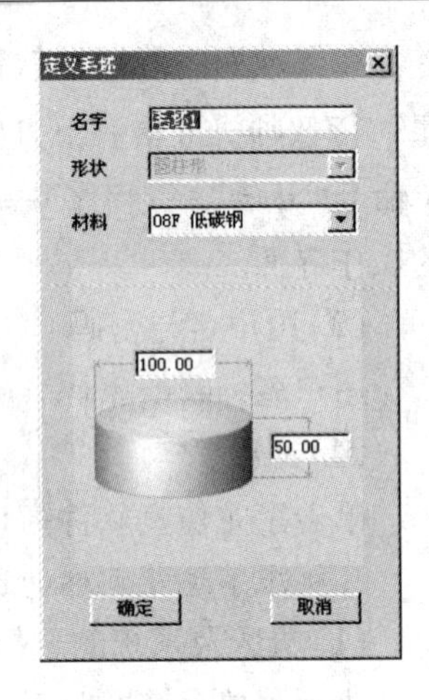

图 1.52 定义毛坯

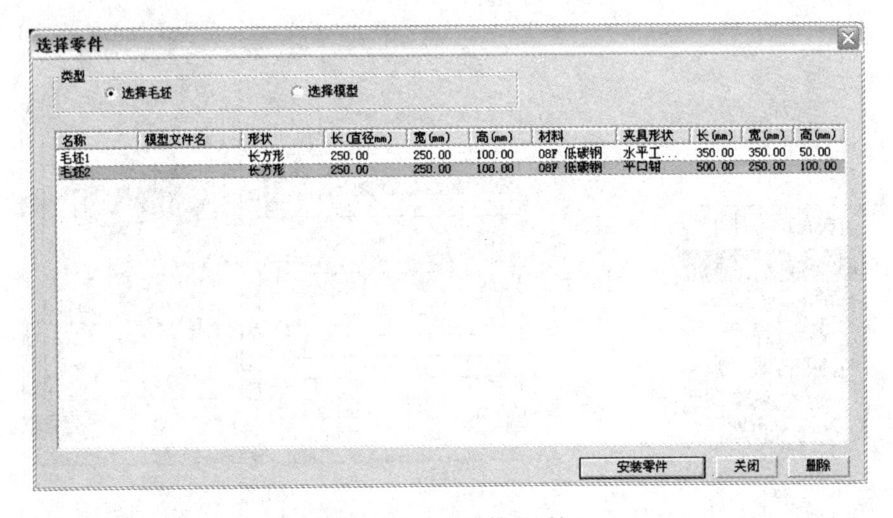

图 1.53 选择零件对话框

以选择导入零件模型文件。选择的零件模型即经过部分加工的成形毛坯被放置在卡盘上,如图 1.54 所示。

(4)位置调整

毛坯放上工作台后,系统将自动弹出一个小键盘(如图 1.55 所示),通过按动小键盘上的方向按钮实现零件的平移、旋转或车床零件调头。小键盘上的“退出”按钮用于关闭小键盘。选择菜单命令“零件”—“移动零件”也可以打开小键盘。在执行其他操作前须关闭小键盘。

3. 刀具选择

执行菜单命令“机床”—“选择刀具” 或者在工具条中选择图标 ,系统弹出刀

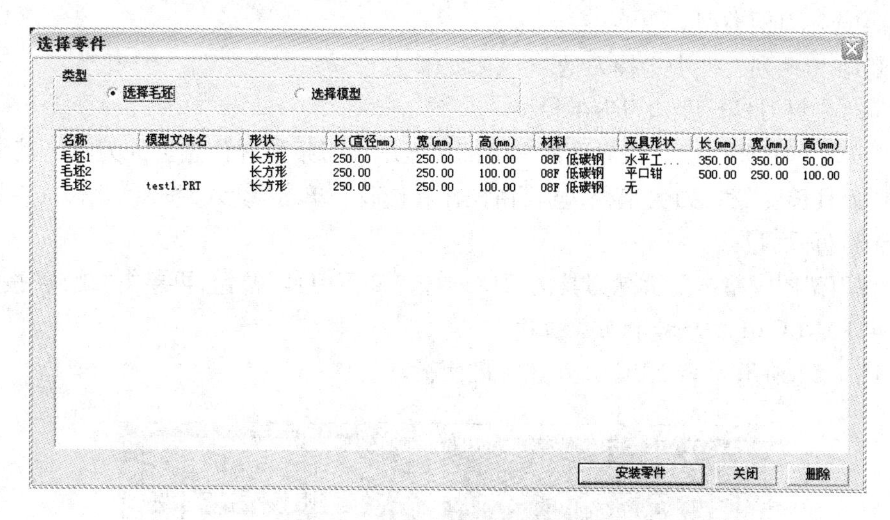

图 1.54　选择零件模型对话框

具选择对话框。

系统中数控车床允许同时安装 8 把刀具(后置刀架)或者 4 把刀具(前置刀架),如图 1.56 所示。

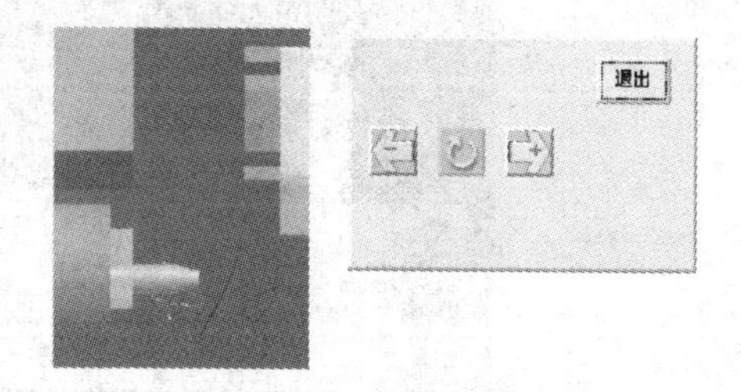

图 1.55　位置调整

(1)选择、安装车刀

①在刀架图中单击所需的刀位。该刀位对应程序中的 T01 ~ T08(T04)。

②选择刀片类型。

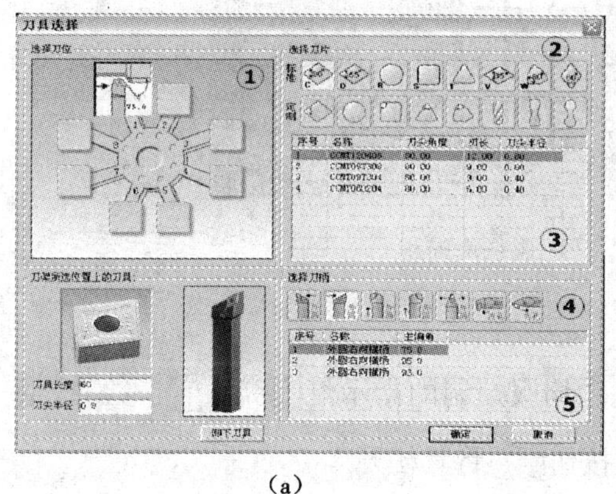

(a)

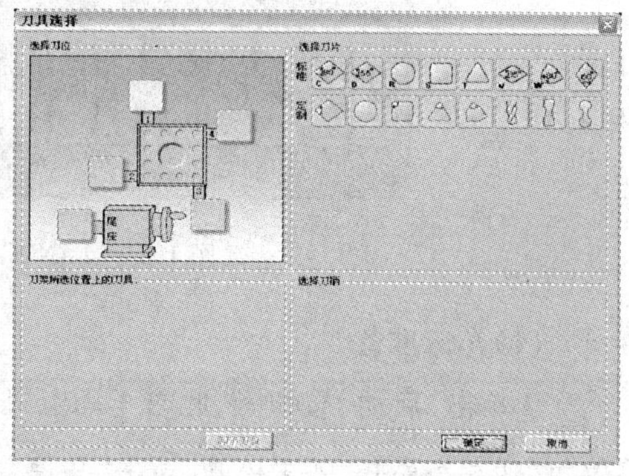

(b)

图 1.56　刀具选择对话框

(a)后置刀架;(b)前置刀架

③在刀片列表框中选择刀片。

④选择刀柄类型。

⑤在刀柄列表框中选择刀柄。

(2)变更刀具长度和刀尖半径

“选择车刀”完成后,该界面的左下部位显示出刀架所选位置上的刀具。其中显示的“刀具长度”和“刀尖半径”均可由操作者修改。单击“确认”按钮。

(3)拆除刀具

在刀架图中单击要拆除刀具的刀位,单击“卸下刀具”按钮,再单击“确认”按钮。

4. FANUC 0I 车床标准面板操作

图 1.57 所示为 FANUC 0I 车床标准面板。

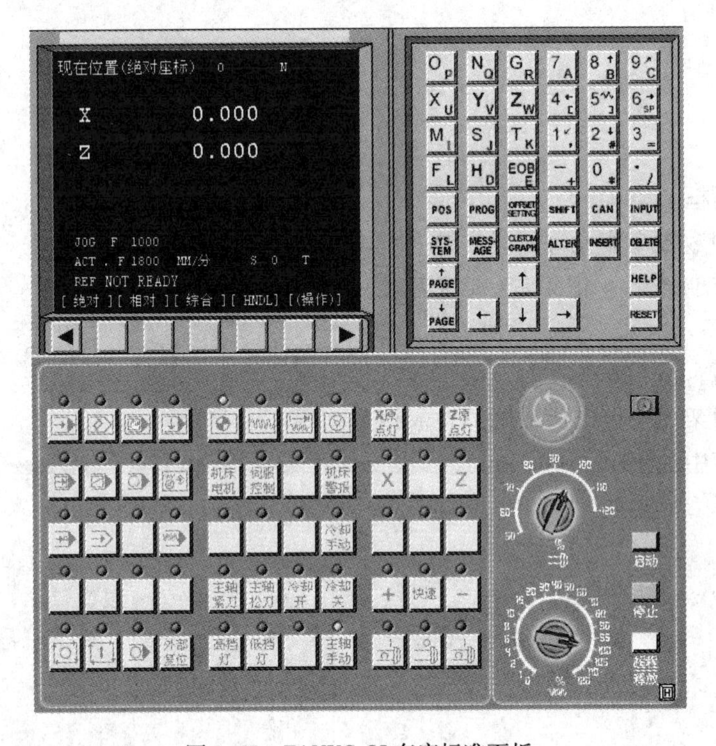

图 1.57 FANUC 0I 车床标准面板

(1)车床准备

①单击“启动”按钮,此时车床电机和伺服控制的指示灯变亮。检查“急停”按钮是否松开,若未松开,单击“急停”按钮,将其松开。

②车床回参考点。检查操作面板上回原点指示灯是否亮。若指示灯亮,则已进入回原点模式;若指示灯不亮,则单击“回原点”按钮,转入回原点模式。

在回原点模式下,先将 X 轴回原点,单击操作面板上的“X 轴选择”按钮,使 X

轴方向移动指示灯变亮，单击“正方向移动”按钮，此时 X 轴将回原点，X 轴回原点灯变亮，CRT 上的 X 坐标变为“390.00”。同样，再单击“Z 轴选择”按钮，使指示灯变亮，单击，Z 轴将回原点，Z 轴回原点灯变亮。回零完成后位置界面如图 1.58 所示。

(2)对刀

数控程序一般按工件坐标系编程，对刀的过程就是建立工件坐标系与机床坐标系之间关系的过程。下面具体说明车床对刀的方法。将工件右端面中心点设为工件坐标系原点，将工件上其他点设为工件坐标系原点的方法与对刀方法类似。

①试切法设置 G54 ~ G59。测量工件原点，直接输入工件坐标系 G54 ~ G59。

②切削外径。单击操作面板上的“手动”按钮，手动状态指示灯变亮，机床进入手动操作模式，单击控制面板上的按钮，使 X 轴方向移动指示灯变亮，单击或，使机床在 X 轴方向移动；同样使机床在 Z 轴方向移动。通过手动方式将机床移到如图 1.59 所示的大致位置。

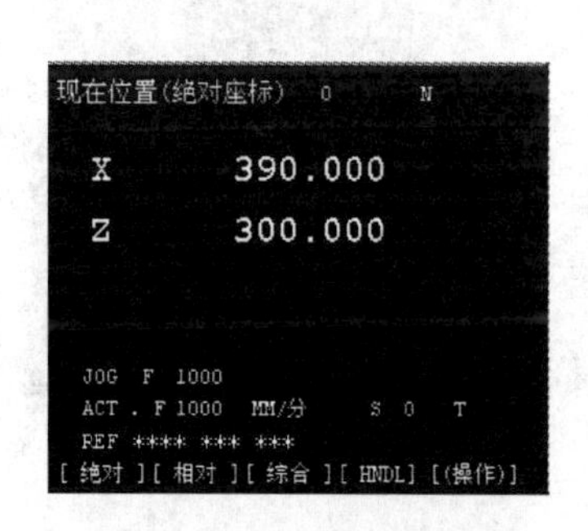

图 1.58　回零后位置界面

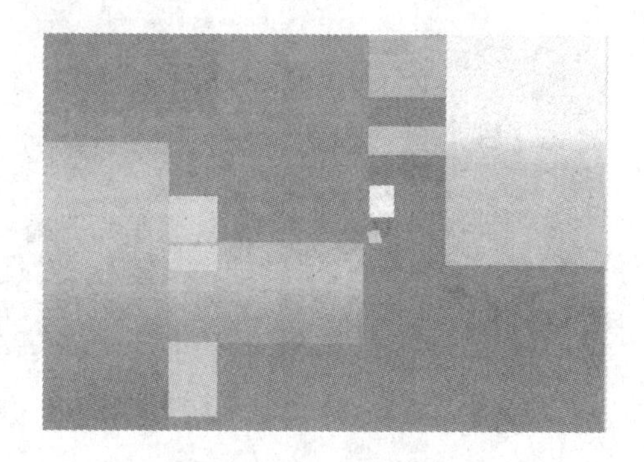

图 1.59　靠近工件位置

单击操作面板上的或按钮，使其指示灯变亮，主轴转动。再单击“Z 轴方向选择”按钮，使 Z 轴方向指示灯变亮，单击用所选刀具来试切工件外圆，如图 1.60 所示。然后按按钮，X 方向保持不动，刀具退出。

③测量切削位置的直径。单击操作面板上的按钮，使主轴停止转动，单击菜单“测量/坐标测量”。如图 1.60 所示，单击试切外圆时所切线段，选中的线段由红色变为黄色。记下下半部对话框中对应的 X 的值(即直径)。

④按下控制箱键盘上的键。

⑤把光标定位在需要设定的坐标系上。

⑥光标移到 X。

⑦输入直径值。

⑧按菜单软键“测量”(通过按软键“操作”,可以进入相应的菜单)。

⑨切削端面。单击操作面板上的按钮或按钮,使其指示灯变亮,主轴转动。将刀具移至如图 1.61 的位置,单击控制面板上的 X 按钮,使 X 轴方向移动指示灯变亮,单击 - 按钮,切削工件端面(如图 1.62 所示)。然后按 + 按钮,Z 方向保持不动,刀具退出。

⑩单击操作面板上的“主轴停止”按钮,使主轴停止转动。

⑪把光标定位在需要设定的坐标系上。

⑫在 MDI 键盘面板上按下需要设定的轴 Z_W 键。

⑬输入工件坐标系原点的距离(注意:距离有正负号)。

⑭按菜单软键“测量”,自动计算出坐标值填入。

图 1.60　车外圆

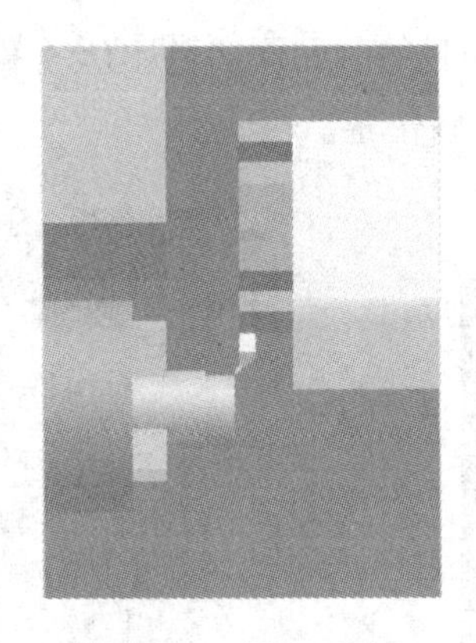

图 1.61　端面对齐

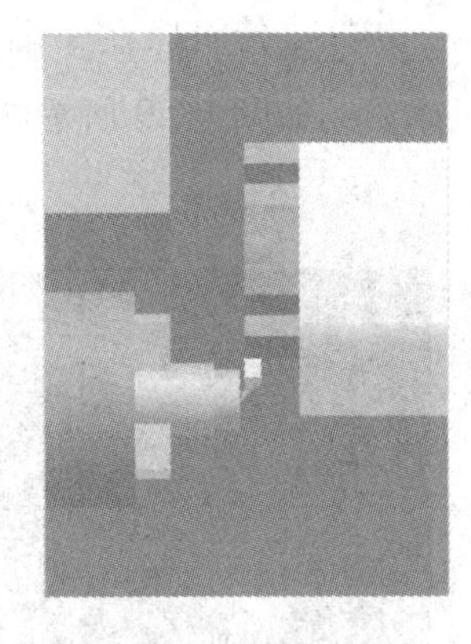

图 1.62　车端面

(3)测量、输入刀具偏移量

使用这个方法对刀,在程序中直接使用机床坐标系原点作为工件坐标系原点。

①用所选刀具试切工件外圆,单击“主轴停止”按钮,使主轴停止转动,单击菜单“测量/坐标测量”,得到试切后的工件直径,记为“α”。

②保持 X 轴方向不动,刀具退出。单击 MDI 键盘上的 OFFSET SETTING 键,进入“形状补偿参数设定”界面,将光标移到与刀位号相对应的位置,输入“$X\alpha$”,按菜单软键“测量”(见图 1.63),对应的刀具偏移量自动输入。

③试切工件端面,把端面在工件坐标系中 Z 的坐标值,记为“β”(此处以工件端面中心点为工件坐标系原点,则 β 为 0)。

④保持 Z 轴方向不动,刀具退出。进入“形状补偿参数设定”界面(见图 1.64),将光标移到相应的位置,输入“$Z\beta$”,按“测量”软键对应的刀具偏移量自动输入。

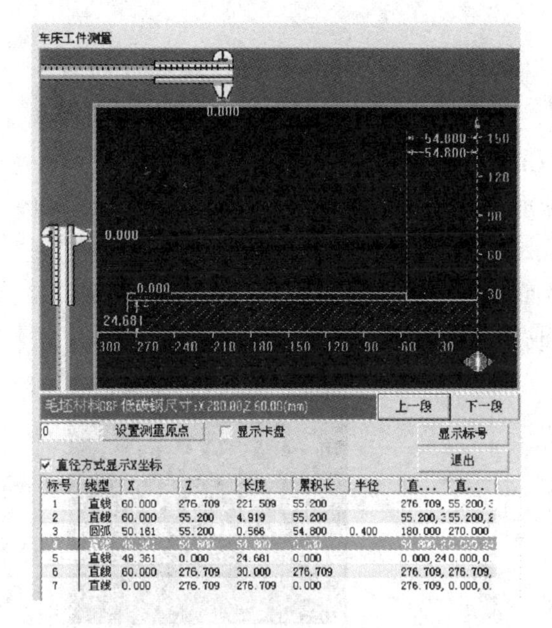

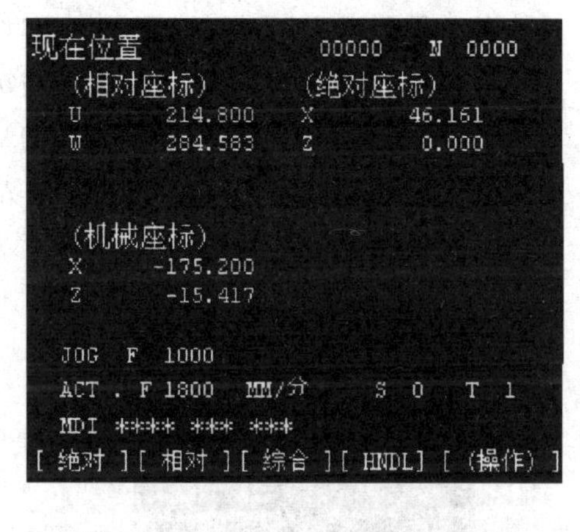

图 1.63　测量画面

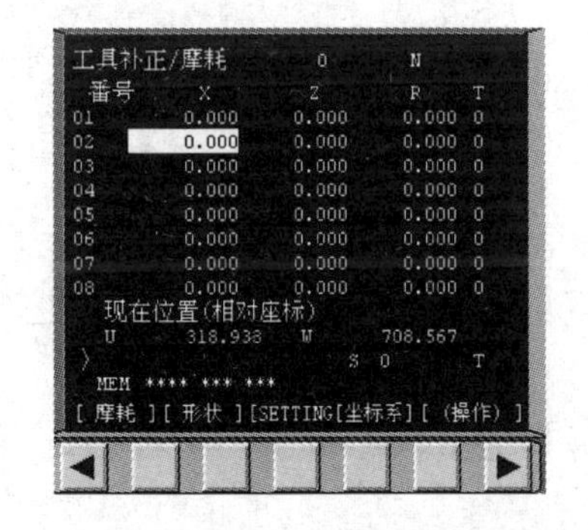

图 1.64　形状补偿参数设定界面

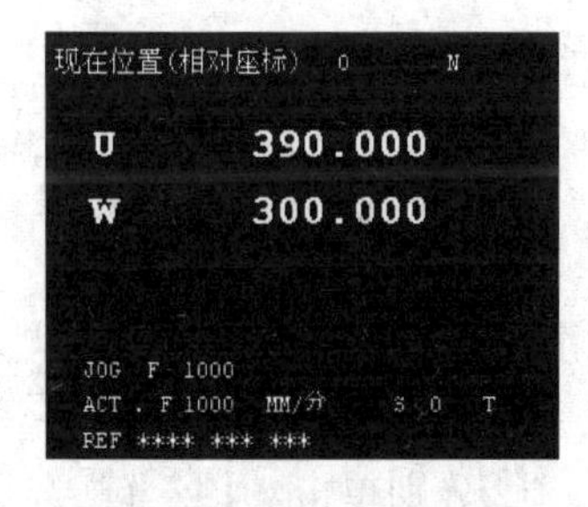

图 1.65　相对坐标显示界面

(4)设置偏置值完成多把刀具对刀

选择一把刀为标准刀具,采用试切法或自动设置坐标系法完成对刀。把工件坐标系原点放入 G54 ~ G59,然后通过设置偏置值完成其他刀具的对刀。下面介绍刀具偏置值的获取办法。

①单击 MDI 键盘上 POS 键和“相对”软键,进入相对坐标显示界面,如图 1.65 所示。

②选定的标刀试切工件端面,将刀具当前的 Z 轴位置设为相对零点(设零前不得有 Z 轴位移)。

③依次单击 MDI 键盘上的 SHIFT、Z_W、0,输入“W0”,按软键“预定”,则将 Z 轴当

前坐标值设为相对坐标原点。

④标刀试切零件外圆,将刀具当前 X 轴的位置设为相对零点(设零前不得有 X 轴的位移)。依次单击MDI键盘上的SHIFT、XU、0,输入“U0”,按软键“预定”,则将 X 轴当前坐标值设为相对坐标原点。此时CRT界面如图1.66所示。

⑤换刀后,移动刀具使刀尖分别与标准刀切削过的表面接触。接触时显示的相对值,即为该刀相对于标刀的偏置值 ΔX、ΔZ。为保证刀准确移到工件的基准点上,可采用手动脉冲进给方式。此时CRT界面如图1.67所示,所显示的值即为偏置值。

⑥将偏置值输入到磨耗参数补偿表或形状参数补偿表内。

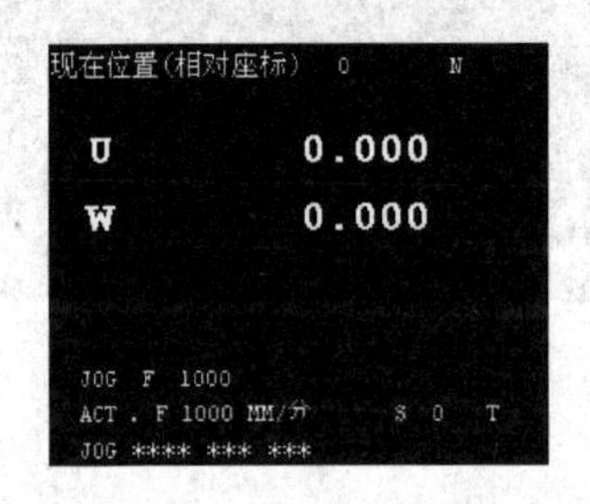

图1.66　坐标值设为相对坐标原点

图1.67　偏置坐标

注意:MDI键盘上的SHIFT键用来切换字母键,如XU键,直接按下输入的为“X”,按SHIFT键再按XU,则输入的为“U”。

⑦分别对每一把刀测量,输入刀具偏移量。

(5)手动操作

1)手动/连续方式

①单击操作面板上的“手动”按钮,使其指示灯亮,机床进入手动模式。

②分别单击X、Z键,选择移动的坐标轴。

③分别单击+、-键,控制机床的移动方向。

④单击　　　,控制主轴的转动和停止。

刀具切削零件时,主轴须转动。加工过程中刀具与零件发生非正常碰撞(包括车刀的刀柄与零件发生碰撞、铣刀与夹具发生碰撞等)后,系统弹出警告对话框,同时主轴自动停止转动,调整到适当位置,继续加工时需再次单击　　　按钮,使主轴重新转动。

2)手动脉冲方式

在手动/连续方式或在对刀需精确调节机床时,可用手动脉冲方式调节机床。

①单击操作面板上的“手动脉冲”按钮　或　,使指示灯　变亮。

②单击按钮,显示手轮。

③鼠标指针对准“轴选择”旋钮,单击左键或右键(单击或右击),选择坐标轴。

④鼠标指针对准“手轮进给速度”旋钮,单击或右击,选择合适的脉冲当量。

⑤鼠标指针对准手轮,单击或右击,精确控制机床的移动。

⑥单击控制主轴的转动和停止。

⑦单击可隐藏手轮。

(6)自动加工方式

1)自动/连续方式,自动加工流程。

①检查机床是否回零,若未回零,则先将机床回零。

②导入数控程序或自行编写一段程序。

③单击操作面板上的“自动运行”按钮,使其指示灯变亮。

④单击操作面板上的“循环启动”按钮,程序开始执行。

⑤中断运行。

⑥数控程序在运行过程中可根据需要暂停、急停和重新运行。

⑦数控程序在运行时,按“进给保持”按钮,程序停止执行;再单击“循环启动”按钮,程序从暂停位置开始执行。

⑧数控程序在运行时,按下“急停”按钮,数控程序中断运行;继续运行时,先将急停按钮松开,再按“循环启动”按钮,余下的数控程序从中断行开始作为一个独立的程序执行。

2)自动/单段方式

①检查机床是否机床回零。若未回零,则先将机床回零。

②再导入数控程序或自行编写一段程序。

③单击操作面板上的“自动运行”按钮,使其指示灯变亮。

④单击操作面板上的“单节”按钮。

⑤单击操作面板上的“循环启动”按钮,程序开始执行。

注意:自动/单段方式执行每一行程序均需单击一次“循环启动”按钮。单击“单节跳过”按钮,则程序运行时跳过符号“/”有效,该行成为注释行,不执行。

⑥单击“选择性停止”按钮,则程序中 M01 有效。

⑦可以通过“主轴倍率”旋钮和“进给倍率”旋钮来调节主轴旋转的速度和移动的速度。

⑧按RESET键可将程序重置。

3)检查运行轨迹

NC 程序导入后,可检查运行轨迹。

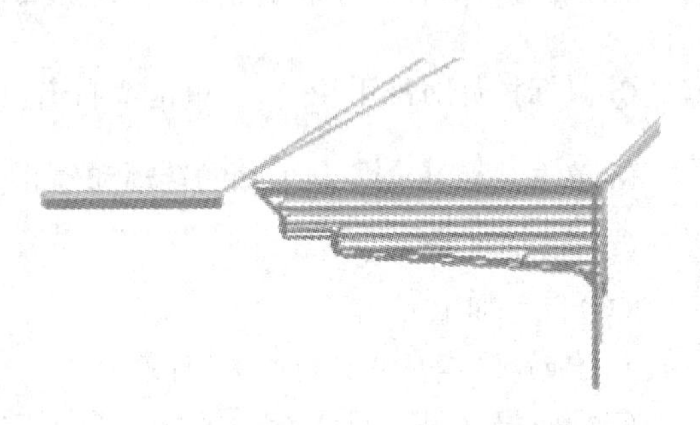

图 1.68　轨迹画面

单击操作面板上的“自动运行”按钮,使其指示灯变亮,转入自动加工模式,单击 MDI 键盘上的PROG按钮,单击“数字/字母”键,输入“OX”(X 为所需要检查运行轨迹的数控程序号),按↓开始搜索,找到后程序显示在 CRT 界面上。单击CUSTOM GRAPH按钮,进入检查运行轨迹模式,单击操作面板上的“循环启动”按钮即可观察数控程序的运行轨迹。轨迹检查效果如图 1.68 所示。此时,也可通过“视图”菜单中的动态旋转、动态放缩、动态平移等方式对三维运行轨迹进行全方位的动态观察。

5.数控程序处理

(1)导入数控程序

数控程序可以通过记事本或写字板等编辑软件输入并保存为文本格式文件(注意:必须是纯文本文件),也可直接用 FANUC 系统的 MDI 键盘输入。

①将机床置于 DNC 模式。

②打开菜单“机床/DNC 传送”,在打开文件对话框中选取文件。如图 1.69 所示,在文件名列表框中选中所需的文件,单击“打开”按钮确认。

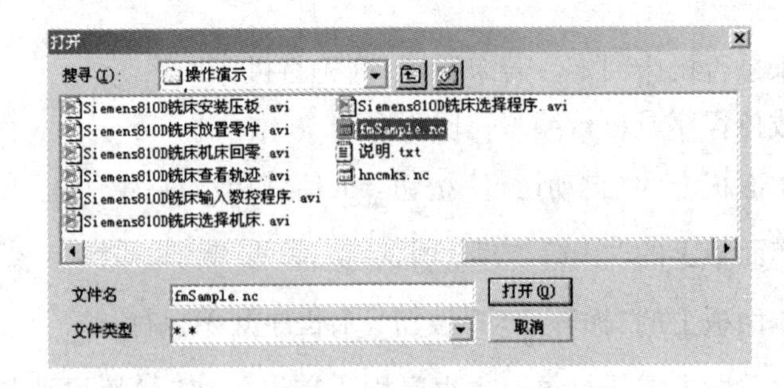

图 1.69　导入程序画面

③再通过 MDI 键盘在程序管理界面输入 OXX(O 后输入 1 ~ 9 999 的整数程序

号)，单击INPUT键，即可输入预先编辑好的数控程序。

程序中调用子程序时，主程序和子程序须分开导入。

(2)数控程序管理

1)选择一个数控程序

将 MODE 旋钮置于 EDIT 挡或 AUTO 挡，在 MDI 键盘上按PRGRM键，进入编辑页面，按键键入字母“O”；按数字键键入搜索的号码“XXXX”(搜索号码为数控程序目录中显示的程序号)，按 CURSOR ↓开始搜索。找到后，“OXXXX”显示在屏幕右上角程序号位置，NC 程序显示在屏幕上。

2)删除一个数控程序

将 MODE 旋钮置于 EDIT 挡，在 MDI 键盘上按PRGRM键，进入编辑页面，按键键入字母“O”；按数字键键入要删除的程序的号码“XXXX”；按DELET键，程序即被删除。

3)新建一个 NC 程序

将 MODE 旋钮置于 EDIT 挡，在 MDI 键盘上按PRGRM键，进入编辑页面，按键键入字母“O”；按数字键键入程序号。按INSRT键，若所输入的程序号已存在，则将此程序设置为当前程序，否则新建此程序。

MDI 键盘上的“数字/字母”键，第一次按下时输入的是字母，以后再按下时均为数字。若要再次输入字母，须先将输入域中已有的内容显示在 CRT 界面上(按INSRT键，可将输入域中的内容显示在 CRT 界面上)。

4)删除全部数控程序

将 MODE 旋钮置于 EDIT 挡，在 MDI 键盘上按PRGRM键，进入编辑页面，按键键入字母“O”；按键键入“-”；按键键入“9999”；按DELET键。

(3)编辑程序

将 MODE 旋钮置于 EDIT 挡，在 MDI 键盘上按PRGRM键，进入编辑页面，选定了一个数控程序后，此程序显示在 CRT 界面上，可对数控程序进行编辑操作。

1)移动光标

按 PAGE ↓或↑翻页，按 CURSOR ↓或↑移动光标。

2)插入字符

先将光标移到所需位置，单击 MDI 键盘上的“数字/字母”键，将代码输入到输入域中，按INSRT键把输入域的内容插入到光标所在代码后面。

3)删除输入域中的数据

按CAN键用于删除输入域中的数据。

4）删除字符

先将光标移到所需删除字符的位置，按 DELET 键删除光标所在的代码。

5）查找

输入需要搜索的字母或代码，按 CURSOR ↓ 开始在当前数控程序中光标所在位置后搜索。代码可以是一个字母或一个完整的代码，例如“N0010”、“M”等。如果此数控程序中有所搜索的代码，则光标停留在找到的代码处；如果此数控程序中光标所在位置后没有所搜索的代码，则光标停留在原处。

6）替换

先将光标移到所需替换字符的位置，将替换成的字符通过 MDI 键盘输入到输入域中，按 ALTER 键把输入域的内容替代光标所在的代码。

（4）导出数控程序

在数控仿真系统编辑完毕的程序中可以导出文本文件。

将 MODE 旋钮置于 EDIT 挡，在 MDI 键盘上按 PRGRM 键，进入编辑页面，按 OUTPUT START 键，在弹出的对话框中输入文件名，选择文件类型和保存路径，按“保存”按钮执行或按“取消”按钮取消保存操作，如图 1.70 所示。

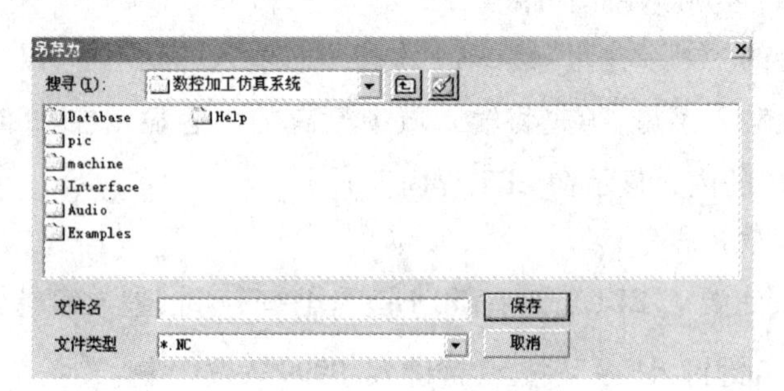

图 1.70　导出数控程序

任务 1.3　零件的车削工艺设计与加工实训

数控车床加工操作是数控车床实训课程的核心实训内容。本部分实训项目通过带螺纹及内孔的轴类零件、椭圆轴零件等典型零件的工艺分析、编程、加工、检测等操作，使学生掌握加工刀具的选用、加工方案的制订、装夹方式的选择、基本指令的应用及实际操作等方面的知识，并最终实现本课程的教学目标。

1.3.1 阶梯轴工艺设计与加工实训

【能力目标】

通过阶梯轴的数控制造工艺设计与程序编制，使学生具备编制车削圆柱面、台阶面、沟槽面的数控编程与加工能力。

【知识目标】

①掌握阶梯轴类零件的数控加工工艺设计方法。

②掌握外圆刀、切槽刀、切断刀的选用。

③掌握车圆柱面、台阶面、沟槽面的走刀路线设计。

④明确加工过程中切削用量的选择。

⑤了解数控车床编程特点。

⑥掌握数控车床编程指令（T 指令、G98、G99、G00、G01、G04、G90 等）。

【实训内容】

1. 零件图纸

阶梯轴图纸见图 1.71。

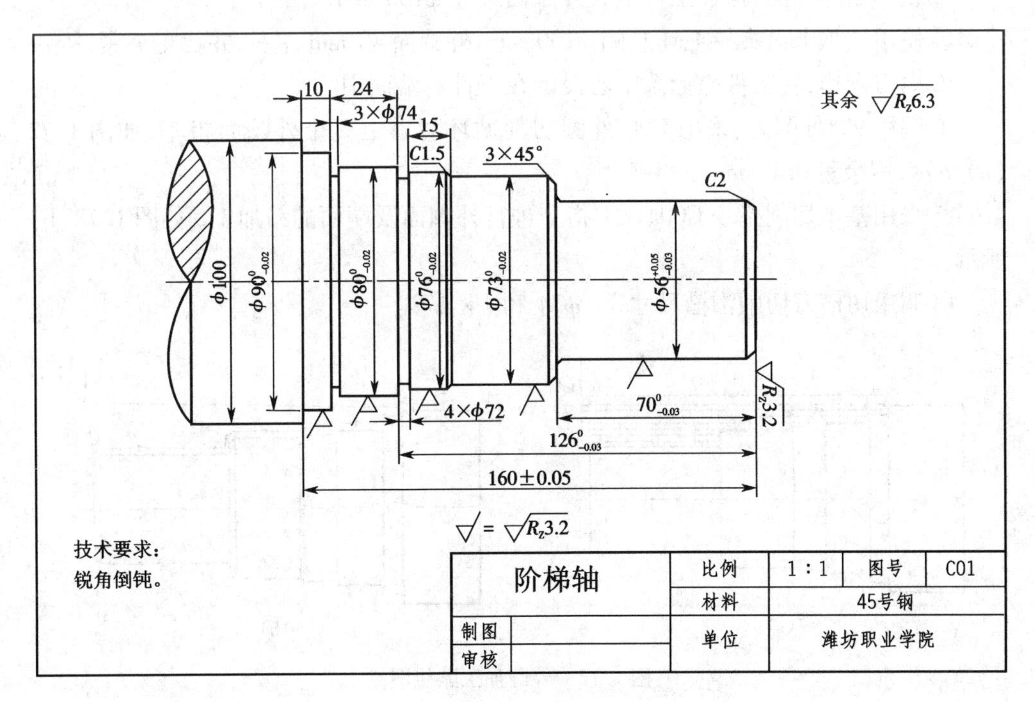

图 1.71 阶梯轴图纸

2. 工艺路线分析

①识图并选择刀具。阶梯轴加工图纸图 1.71 所示，根据零件的总体尺寸，可选

择毛坯为 $\phi100$ mm × 200 mm 棒料，材料为 45 号钢。工件主要加工面为 $\phi56_{0.03}^{0.05}$、$\phi73_{-0.02}^{0}$、$\phi76_{-0.02}^{0}$、$\phi80_{-0.02}^{0}$、$\phi90_{-0.02}^{0}$，长度方向上需要保证的尺寸为 $70_{-0.03}^{0}$、$126_{-0.03}^{0}$ 和台阶面总长160 ± 0.05，沟槽尺寸为 3 × $\phi74$ 和 4 × $\phi72$。

所需刀具种类及切削参数选择如表 1.12 所示。

表 1.12 刀具选择及切削参数

序 号	加工面	刀具号	刀具规格		转速 n	余 量	进给速度 V
			类型	材料	(r · min⁻¹)		(mm · min⁻¹)
1	端面车削	T01	90°外圆车刀	硬质合金	600	0.1	50
2	外圆粗加工	T01	90°外圆车刀		800	0.2	100
3	外圆精车	T01	90°外圆车刀		1 000	0	50
4	切槽	T02	3 mm 槽刀		400	0	50

②安装刀具并调整刀尖高度与工件中心对齐。

③粗车毛坯外圆，保证工件最大外圆面尺寸 $\phi100$ mm。

④使用三爪卡盘夹持毛坯左侧 $\phi100$ mm，外圆面 40 mm 左右，并找正夹紧。

⑤对刀操作，将工件坐标系中心设定在工件右端面中心。

⑥调用 90°外圆刀，采用 G90 外圆切削循环对以上 5 个外圆面粗车，如图 1.72(a)所示，留余量 0.1 mm。

⑦采用基本切削指令 G00、G01 指令进行外圆面及端面的精加工，如图 1.72(b)所示。

⑧调用切槽刀切削沟槽尺寸 3 × $\phi74$ 和 4 × $\phi72$。

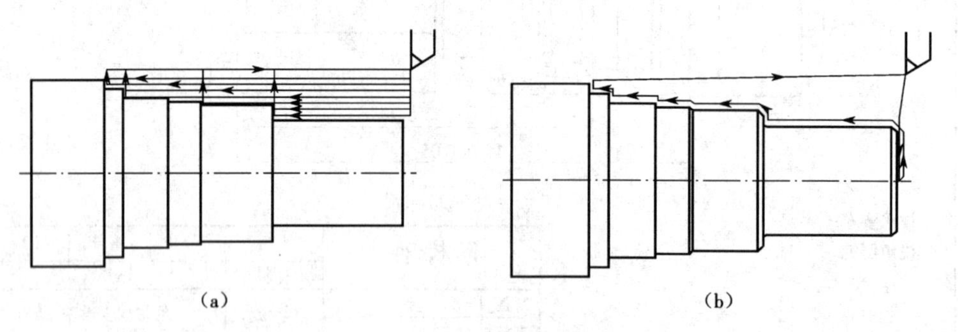

图 1.72 外圆加工路线图

(a)G92 粗车路线图；(b)精车路线图

3. 相关指令

本阶梯轴的加工实训项目主要进行外圆面、台阶面及沟槽面的加工，所涉及的均为数控车床编程中的最基本的编程指令。

①G98:每分钟进给。

格式:G98;

②G99:每转进给。

格式:G99;

③T:换刀指令。

格式:T _ _ _ _;

④G00:快速点定位。

格式:G00 X(U)_ Z(W)_;

⑤G01:直线插补。

格式:G01 X(U)_ Z(W)_ F _;

⑥G04:暂停指令。

格式:G04 X _;

⑦G90:外圆切削循环。

格式:G90 X(U)_ Z(W)_ F _;

4. 量具准备

0 ~ 150 mm 钢直尺一把,用于测量长度。

0 ~ 150 mm 游标卡尺一把,用于测量外圆及长度。

50 ~ 100 mm 外径千分尺一把,用于测量外圆。

5. 参考程序

采用 FANUC 0I MATE 系统对本实训项目进行编程,数控加工程序编制如下。

程序语句	说　明
O0101;	程序名,以 O 开头
G98;	每转进给
M43;	主轴高挡位置
M03 S600;	正转,600 r/min
T0101;	调用 1 号刀,90°外圆刀
GOO X105 Z5;	快速点定位至 G90 起刀点
G90 X97 Z - 159.5 F100;	粗车外圆 ϕ90
X94;	G90 为模态指令,重复部分可省略不写
X91;	
X87 Z - 149;	粗车外圆 ϕ80
X84;	G90 为模态指令,重复部分可省略不写
X81;	
X77 Z - 125;	粗车外圆 ϕ76
X74 Z - 106;	粗车外圆 ϕ73
X71 Z - 69;	粗车外圆 ϕ56
X69;	G90 为模态指令,重复部分可省略不写

```
X66;
X63;
X60;
X57;                  G90 调用结束,刀具返回 X105 Z5 点
G00 X60 Z0;           进刀准备车端面
G01 X0 F50;           端面切削
G00 Z1 U2;            退刀
X52 Z0;               点定位准备车 φ56 外圆
G01 X56 Z-2 F50;      车 C2 倒角
Z-70;                 精车 φ56 外圆
X73 C3;               车 C3 倒角
Z-107 C1.5;           车 C1.5 倒角
Z-126;                精车 φ73 外圆
X80;                  准备车 φ80 外圆
W-24;                 精车 φ80 外圆
X90;                  准备车 φ90 外圆
W-10;                 精车 φ90 外圆
X100;                 车台阶面
G00 X100 Z100;        退刀至安全位置准备换刀
T0202;                调用 2 号刀准备车沟槽
G00 X85 Z-126;        快速点定位,准备车沟槽 φ72
G01 X72 F50;          沟槽切削
G04 X2;               延时 2s,提高槽底表面质量
G00 X85;              抬刀
W1;                   准备第二刀切削
G01 X72 F50;          第二次沟槽 φ72 切削
G04 X2;               延时 2s
G00 X95;              抬刀
Z-150;                快速点定位,准备车沟槽 φ74
G01 X74 F50;          沟槽切削
G04 X2;               延时 2s
G00 X100;             首先 X 方向退刀,保证刀具及工件安全
Z100;                 Z 方向退刀至安全距离
M30;                  程序结束,复位
```

6. 考核评价

①学生完成零件,各组交换检测,填写实训报告的相应内容。

②教师对零件进行检测,并对实训报告的相应内容进行相应批改,对学生整个加工过程进行分析,对学生进行项目成绩的评定,并记录相应的评分表。

③收回所使用的刀夹量具,并做好相应的使用记录。

1.3.2　螺纹轴工艺设计与加工实训

【能力目标】

螺纹工件的加工是数控车削中必须掌握的基本技能。通过本项目的练习,可使学生熟练掌握螺纹的尺寸计算、加工指令运用、螺纹刀的安装、切削参数的选用、螺纹

检测方法和实际操作等方面的知识,最终掌握螺纹零件的加工。

【知识目标】

①正确认识螺纹标记符号和螺纹基本参数计算。

②能独立制定出螺纹加工方案。

③能灵活运用螺纹切削指令进行程序的编制。

④明确螺纹检测的方法并熟练使用螺纹检测量具。

⑤掌握子程序的编程技巧,包括加工本螺纹轴中所涉及的子程序加工部分。

⑥掌握数控车床编程指令(G02/G03、G32、G92、M98、M99、G71、G70 等指令)。

【实训内容】

1. 零件图纸

螺纹轴零件图见图 1.73。

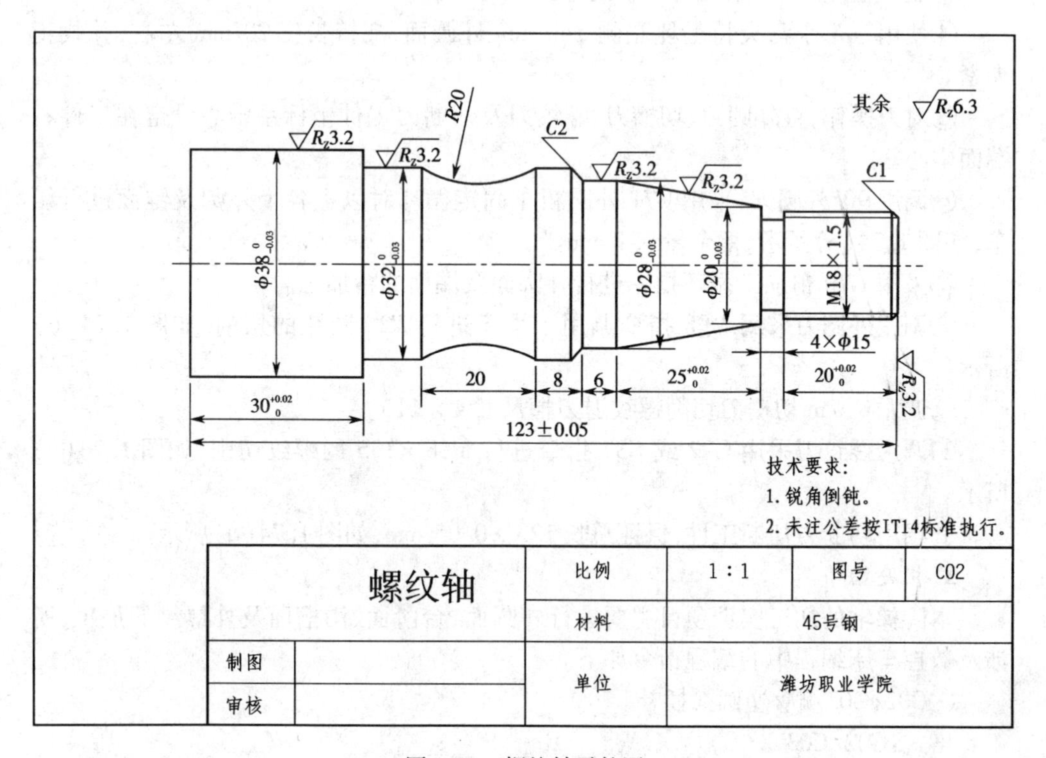

图 1.73　螺纹轴零件图

2. 工艺路线分析

①识图并选择刀具。螺纹轴加工图纸图 1.73 所示,根据零件的总体尺寸,选择毛坯为 $\phi 40$ mm × 150 mm 棒料,材料为 45 号钢。工件主要外圆加工面为 $\phi 28^{0}_{-0.03}$、$\phi 32^{0}_{-0.03}$、$\phi 38^{0}_{-0.03}$,长度方向各个台阶面主要保证的尺寸为 $20^{0.02}_{0}$、$25^{0.02}_{0}$、$30^{0.02}_{0}$,工件总长为 123 ±0. 05,螺纹退刀槽尺寸为 4 × $\phi 15$。根据上述所需主要加工尺寸确定所需刀具种类及切削参数如表 1. 13 所示,具体加工路线如图 1. 74 所示。

表 1.13　刀具选择及切削参数

序　号	加工面	刀具号	刀具规格		转速 n	余量	进给速度 V
			类型	材料	$(r \cdot min^{-1})$		$(mm \cdot min^{-1})$
1	外圆粗车	T01	90°外圆车刀	硬质合金	800	0.2	100
2	外圆精车	T01	90°外圆车刀		1 000	0	50
3	切槽	T02	4 mm 槽刀		400	0	50
4	切螺纹	T03	1.5 外螺纹刀		300	0	—
5	切断	T04	切断刀		400	0	50

②安装刀具并调整刀尖高度与工件中心对齐。

③粗车毛坯外圆,保证工件最大外圆面尺寸 $\phi40$ mm。

④使用三爪卡盘夹持毛坯左侧 $\phi40$ mm 外圆面,夹持长度 20 mm 左右,并找正夹紧。

⑤对刀操作,将外圆刀、切槽刀、螺纹刀及切断刀工件坐标系中心设定在工件右端面中心。

⑥调用 90°外圆刀,采用 G71 外圆粗车固定循环对以上各个外圆及锥面进行粗车,如图 1.74(a)所示,留余量 0.1 mm。

⑦采用 G70 精加工循环指令进行外圆面及端面的精加工。

⑧调用外圆刀采用 M98 指令调用子程序进行 $R20$ 圆弧的切削,如图 1.74(b)所示。

⑨调用 4 mm 切槽刀切削螺纹退刀槽尺寸 $4\times\phi15$。

⑩调用螺纹刀采用 G92 或 G32 指令进行 M18×1.5 的螺纹切削,如图 1.74(c)所示。

⑪调用切断刀切断工件,保证总长 123±0.05 mm,如图 1.74(d)所示。

3. 相关指令

本阶梯轴的加工实训项目主要进行外圆面、台阶面、沟槽面及外螺纹的加工,所涉及数控车床编程中的编程指令如下。

①G02/G03:顺/逆圆弧插补。

格式:G02/G03 X(U)__ Z(W)__ R __ F __;

②G32:直线螺纹切削。

格式:G32 X(U)__ Z(W)__ F __;

③G92:螺纹切削循环。

格式:G92 X(U)__ Z(W)__ (R)__ F __;

④M98:子程序调用。

格式:M98 P __ __ __ __ __ __;或 M98 P __ __ __ __ L __ __;

⑤M99:返回主程序。

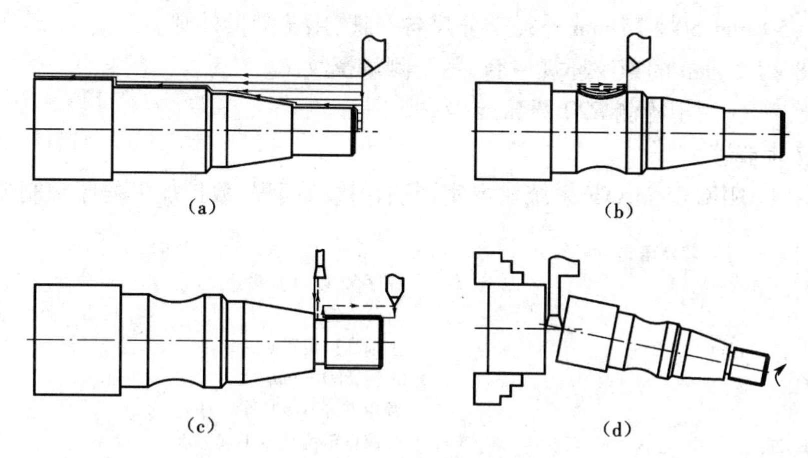

图 1.74　加工路线图

(a)G71、G70 加工外圆;(b)M98 车削 $R20$ 圆弧;(c)切槽及车螺纹;(d)切断

格式:M99;

⑥G71:外圆粗车循环。

格式:G71 U __ R __;

G71 P __ Q __ U __ W __ F __ S __ T __;

⑦G70:精加工循环。

格式:G70 P __ Q __;

三角螺纹尺寸计算见表 1.14。

表 1.14　三角螺纹尺寸计算

名称		代码	计算公式
外螺纹	牙型角	a	60°
	原始三角形高度	H	$H=0.866P$
	牙型高度	h	$h=0.541\ 3P$
	中径	d_2	$d_2=d-0.649\ 5P$
	小径	d_1	$d_1=d-1.082\ 5P$
内螺纹	中径	D_2	$D_2=d_2$
	小径	D_1	$D_1=d_1$
	大径	D	$D=d=$ 公称直径

4. 量具准备

0 ~ 150 mm 钢直尺一把,用于测量长度。

0 ~ 150 mm 游标卡尺一把,用于测量外圆及长度。

25～50 mm、50～75 mm 外径千分尺各一把，用于测量外圆。

M18×1.5 mm 的螺纹环规一套，用于测量螺纹。

R 规一套，用于检测 *R*20 圆弧。

5. 参考程序

采用 FANUC 0I MATE 系统对本实训项目进行编程，数控加工程序编制如下。

程序语句	说明
O0001;	程序名，以 O 开头
G98;	每分进给
M43;	主轴高挡位置
M03 S800;	正转，800 r/min
T0101;	调用 1 号刀，90°外圆刀
G00 X40 Z5;	快速点定位至 G71 起刀点
G71 U1.5 R0.5;	采用 G71 粗车固定循环粗车外圆
G71 P10 Q20 U0.2 W0.1 F100;	
N10 G00 X0;	N10～N20 区间为外圆精加工语句
G01 Z0 F50;	
X18 C1;	车削 *C*1 倒角
Z－24;	车削 M18×1.5 螺柱
X20;	
X28 W－25;	车削锥面
W－6;	
X32 W－2;	车削 *C*2 倒角
Z－93;	车削 ϕ32 外圆
X38;	
N20 Z－123;	车削 ϕ38 外圆，精加工语句结束
G70 P10 Q20;	调用精加工循环，保证外圆尺寸
G00 X40 Z－63;	点定位准备调用子程序
M98 P080002;	调用子程序加工 *R*20 圆弧
G00 X100 Z100;	退刀
T0202 S400;	调用切槽刀，降速
G00 X25 Z－24;	快速定位，准备切削退刀槽
G01 X15 F50;	螺纹退刀槽切削
G04 X2;	延时 2s
G00 X100;	退刀
Z100;	
T0303 S300;	调用螺纹刀，降速
G00 X25 Z5;	快速点定位至螺纹切削起刀点
G92 X19 Z－22 F1.5;	采用 G92 切削螺纹
X17;	G92 模态指令，重复部分省略
X16.5;	
X16.3;	
X16.2;	
X16.1;	
X16.052;	

```
G00 X100 Z100;          退刀
T0404 S400;             调用切槽刀
G00 X40 Z-127;          快速定位,准备切断
G01 X0 F50;             工件切断保证总长
GOO X100 Z100;          退刀
M30;                    程序结束复位

O0002;                  子程序名
G01 U-1 F50;            沿 X 方向增量值进给 1 mm
G02 W-20 R20;           切削 R20 圆弧
G00 W20;                退回起点
M99;                    返回主程序
```

6. 考核评价

①学生完成零件,各组交换检测,填写实训报告的相应内容。

②教师对零件外圆面及螺纹质量检测,并对实训报告的相应内容进行相应批改,对学生整个加工过程进行分析,对学生进行项目成绩的评定,并记录相应的评分表。

③收回所使用的刀夹量具,并做好相应的使用记录。

1.3.3　多槽椭圆轴工艺设计与加工实训

【能力目标】

在数控车床加工中,经常会遇到零件特征重复出现或所存在的零件特征没有固定指令进行加工的情况。为解决这种编程工作量较大和无法编程的特殊情况,本项目通过多槽椭圆轴的加工实训使学生掌握利用子程序和宏程序进行编程的方法,并最终掌握子程序和宏程序的应用。

【知识目标】

①理解子程序和宏程序的编写规则和调用指令。

②正确运用宏程序的变量功能和跳转功能。

③掌握椭圆等非圆曲线的宏程序编制和加工。

④掌握非圆曲线走刀路线的设计。

⑤掌握数控车床编程指令(M98、M99、G71、G70、G65 等指令)。

【实训内容】

1. 零件图纸

多槽椭圆轴零件图见图 1.75。

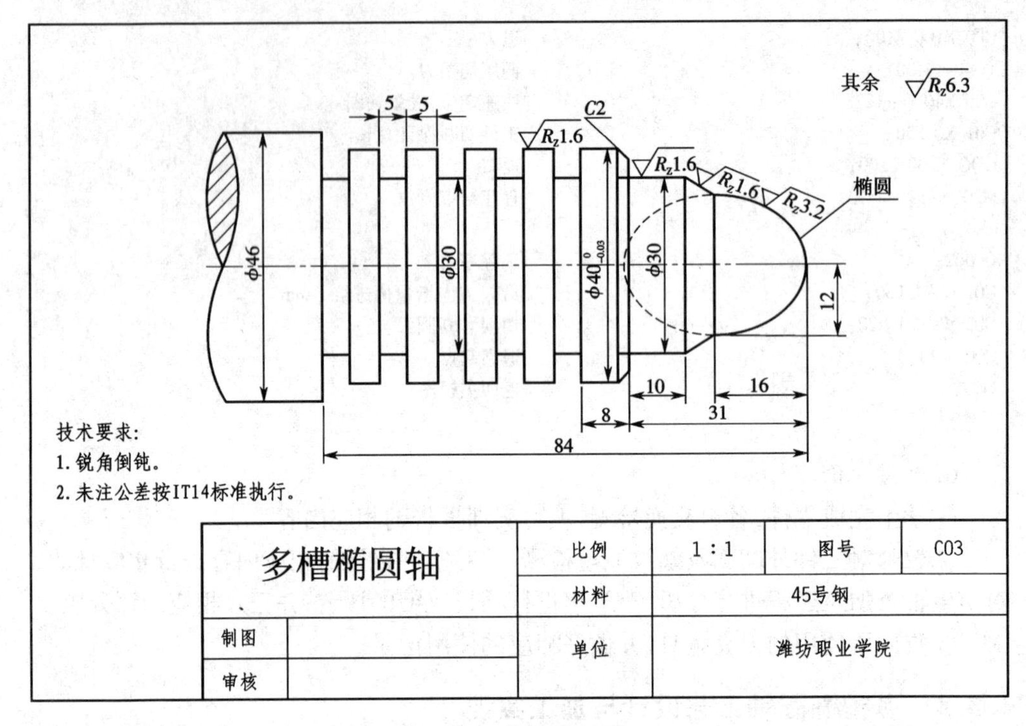

图1.75 加工路线图

2. 工艺路线分析

①识图并选择刀具。螺纹轴加工图纸如图1.75所示,根据零件的总体尺寸,选择毛坯为 $\phi50$ mm × 120 mm 棒料,材料为45号钢。工件主要外圆加工面为 $\phi30$、$\phi40^{0}_{-0.03}$,工件总长84 mm,沟槽尺寸为5 × $\phi30$,椭圆长半轴16 mm,短半轴12 mm。根据上述所需主要加工尺寸,确定所需刀具种类及切削参数(如表1.15所示)。

表1.15 刀具选择及切削参数

序 号	加工面	刀具号	刀具规格		转速 n	余量	进给速度 V
			类型	材料	(r · min^{-1})		(mm · min^{-1})
1	外圆粗车	T01	90°外圆车刀	硬质合金	800	0.2	100
2	外圆精车	T01	90°外圆车刀		1 000	0	50
3	切槽	T02	5 mm 槽刀		400	0	50

②安装刀具并调整刀尖高度与工件中心对齐。

③粗车毛坯外圆,保证工件最大外圆面尺寸 $\phi46$。

④使用三爪卡盘夹持毛坯左侧 $\phi50$ mm,外圆面30 mm左右,并找正夹紧。

⑤对刀操作,将外圆刀和切槽刀工件坐标系中心设定在工件右端面中心。

⑥调用90°外圆刀,采用G71外圆粗车固定循环对以上各个外圆及锥面进行粗

车，保留椭圆部分外圆面，如图 1.76(a)所示，留余量 0.2 mm。

⑦采用 G70 精加工循环指令进行外圆面及端面的精加工，保证各个轴向尺寸。

⑧调用外圆刀编制宏程序进行椭圆面的加工，包括粗加工和精加工一体，如图 1.76(b)所示。

⑨调用 5 mm 切槽刀并编制子程序切削 5 个沟槽尺寸 5 × ϕ30，如图 1.77(c)所示。

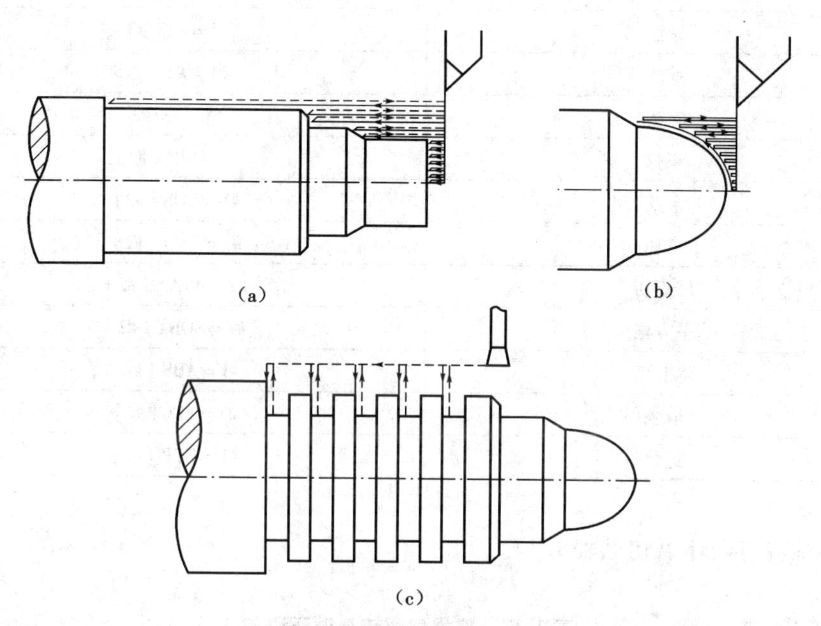

图 1.76　加工路线图

(a)G71、G70 加工路线；(b)宏程序车椭圆；(c)子程序切槽

3. 相关指令

本阶梯轴的加工实训项目主要进行外圆面、台阶面、椭圆面及沟槽面的加工，所涉及的数控车床编程编程指令如下。

①M98：子程序调用。

格式：M98 P＿＿＿＿＿＿＿＿；　　或　　M98 P＿＿＿＿＿＿L＿＿；

②M99：返回主程序。

格式：M99；

③G71：外圆粗车循环。

格式：G71 U＿ R＿；

　　　G71 P＿ Q＿ U＿ W＿ F＿ S＿ T＿；

④G70：精加工循环。

格式：G70 P＿ Q＿；

⑤G65：调用宏程序。

格式:G65 P ＿＿＿＿ ;

FANUC 0I MATE可执行的常用变量算数运算见表1.16。

表1.16 变量算数运算

函数名称	示 例
加法	#1 = #2 + #3
减法	#1 = #2 - #3
乘法	#1 = #2 * #3
除法	#1 = #2/#3
正弦	#1 = SIN [#2]
余弦	#1 = COS [#2]
正切	#1 = TAN [#2]
反正切	#1 = ATAN [#2]
平方根	#1 = SQRT [#2]
绝对值	#1 = ABS [#2]
取整	#1 = FIX [#2]
进位	#1 = FUP [#2]

⑦跳转与循环语句见表1.17。

表1.17 宏程序跳转与循环语句

名 称	功 能	示 例
GOTO N	无条件转向语句,可无条件地执行所指向的程序段N	GOTO 20;
IF [条件] GOTO N	如果条件表达式成立,则转去执行程序段N。条件判断运算符有:EQ(等于)、NE(不等于)、GT(大于)、GE(大于等于)、LT(小于)、LE(小于等于)	IF [#1 EQ 0] GOTO 20;
WHILE[条件表达式]DO m; ⋮ END m;	如果条件表达式成立,则执行DO到END之间的语句,否则执行END之后的语句 m=1,2,3	#1 =90; WHILE[#1 GE 0] DO1; #1 =#1 -1; END 1; GOTO 20;

车削加工椭圆面程序编制的坐标系为车床坐标系。如图1.75所示,车床回转轴线为Z轴,X轴与其垂直,远离卡盘的方向为正方向。

数学坐标系内椭圆公式为

$$X = a \cdot \cos\alpha \qquad \text{或} \qquad \frac{x^2}{a^2}+\frac{y^2}{b^2}=1$$
$$Y = b \cdot \sin\alpha$$

由此可见,车床加工的椭圆长轴 a 在 Z 轴方向,短轴 b 在 X 轴方向。单纯用外圆车刀精加工椭圆时,车刀将沿 X 轴和 Z 轴方向做直线插补运动,数学坐标系转化为实际车床坐标系,则以上公式应修改为

$$z = a \cdot \cos\alpha \qquad \text{或} \qquad \frac{z^2}{a^2}+\frac{(x/2)^2}{b^2}=1$$
$$(x/2) = b \cdot \sin\alpha$$

车削精加工宏程序,以 FANUC 0I MATE 系统为例编制,参照上述公式。

调用宏程序并赋初值,A 赋值长轴#1,B 赋值短轴#2,C 赋值起始角度#3,D 赋值终止角度#4,E 赋值步距#5,整圆 D = C + 360。起始角度指所加工椭圆起始点与椭圆长半轴的夹角,步距是用线段逼近椭圆的最小等分角度,等分角度越小椭圆越逼真。

调用指令格式:

```
G65 P0002 A B C D E;
O0002;
N10 G01 X[2*[#2*SIN[#3]]] Z[#1*COS[#3]];
N20 #3 = #3 + #5;
N30 IF [#3LT#4] GOTO 10;
N40 M99;
```

4. 量具准备

0 ~ 150 mm 钢直尺一把,用于测量长度。

0 ~ 150 mm 游标卡尺一把,用于测量外圆及长度。

0 ~ 25 mm、25 ~ 50 mm 外径千分尺各一把,用于测量外圆。

5. 参考程序

采用 FANUC 0I MATE 系统对本实训项目进行编程,数控加工程序编制如下。

程序语句	说　明
O0001;	程序名,以 O 开头
G98;	每转进给
M43;	主轴高挡位置
M03 S800;	正转,800 r/min
T0101;	调用 1 号刀,90°外圆刀
GOO X50 Z5;	快速点定位至 G71 起刀点
G71 U1.5 R0.5;	采用 G71 粗车固定循环粗车外圆
G71 P10 Q20 U0.2 W0.1 F100;	
N10 G00 X0;	N10 ~ N20 区间为外圆精加工语句
G01 Z0 F50;	
X24;	
Z - 16;	
X30 W - 5;	车削锥面
W - 10;	
X36;	

```
X40 C2;                          车削 C2 倒角
Z-84;
N20 X46;
M03 S1000;                       精加工提高转速
G70 P10 Q20;                     调用精加工循环,保证外圆尺寸
G00 X25 Z2;                      点定位准备调用宏程序
G65 P0002;                       调用宏程序
G00 X100 Z100;                   退刀
T0202;                           调用切槽刀
GOO X45 Z-34;                    快速定位,准备调用子程序
M98 P050003;                     调用 5 次子程序 O0003
G00 X100 Z100;                   退刀
M30;                             主程序结束并复位

O0002;                           宏程序
#3 =90;                          变量#3 代表角度
WHILE [#3 GE 0]  DO2;            使用循环语句,条件为#3≥0
#4 = 12*SIN[#3];                 计算各个节点坐标
#5 = 16*COS[#3];
G01  X[2*#4]  F0.1;              粗车椭圆外圆
Z#5;
U0.2;
W[60-#5];                        退刀
#3 = #3-5;
END 2;                           粗车椭圆结束
WHILE [#3 LE 90]  DO3;           利用循环语句精加工椭圆面
#4 = 12*SIN[#3];
#5 = 16*COS[#3];
G01 X[2*#4]  Z[#5]  F0.1;
#3 = #3+0.1;
END 3;                           精车椭圆结束
M99;                             返回主程序

O0002;                           子程序
G00 W-10;                        快速进刀
G01 X30 F50;                     切槽 5×φ30
G04 X2;                          延时 2s
G00 X50;                         退回安全高度 50 mm
M99;                             返回主程序
```

6. 考核评价

①学生完成零件,各组交换检测,填写实训报告的相应内容。

②教师对零件外圆面及螺纹质量检测,并对实训报告的相应内容进行相应批改,对学生整个加工过程进行分析,对学生进行项目成绩的评定,并记录相应的评分表。

③收回所使用的刀夹量具,并做好相应的使用记录。

1.3.4　成形面工件工艺设计与加工实训

【能力目标】

在数控车床加工中，对于多段圆弧连接或形状较为复杂的外圆曲面，进行粗加工使用普通切削指令编程较为复杂。本项目通过对成形面工件的加工实训使学生掌握利用 G71、G72 和 G70 指令进行编程的方法，从而提高加工效率和加工质量。

【知识目标】

①正确选择成形面的加工刀具，并确定切削用量。

②掌握成形面零件加工工艺路线的选择。

③掌握椭圆等非圆曲线的宏程序编制和加工。

④灵活运用 G72、G73 等适合成形面切削的加工指令。

⑤掌握非圆曲线走刀路线的设计。

⑥掌握数控车床编程指令（G71、G72、G70、G65 等指令）。

【实训内容】

1. 零件图纸

成形面工件图纸见图 1.77。

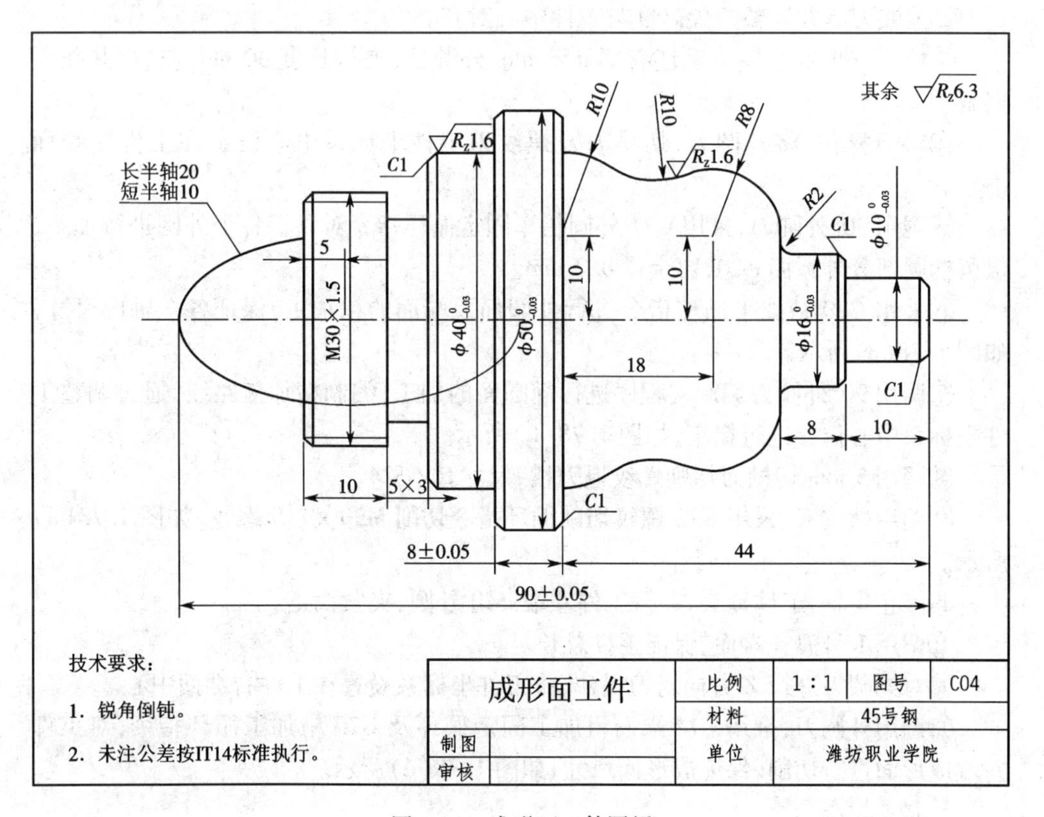

图 1.77　成形面工件图纸

2. 工艺路线分析

①识图并选择刀具。如螺纹轴加工图纸图1.77所示,根据零件的总体尺寸选择毛坯为$\phi55$ mm×92 mm棒料,材料为45号钢。工件主要外圆加工面为$\phi10^{0}_{-0.03}$、$\phi16^{0}_{-0.03}$、$\phi50^{0}_{-0.03}$、$\phi40^{0}_{-0.03}$,长度尺寸为90±0.05、8±0.05,沟槽尺寸为5×$\phi24$。椭圆长半轴20,短半轴10,成形面尺寸为$R10$、$R8$。根据上述所需主要加工尺寸确定所需刀具种类及切削参数如表1.18所示。

表1.18 刀具选择及切削参数

序号	加工面	刀具号	刀具规格		转速 n /r·min^{-1}	余量	进给速度 V /mm·min^{-1}
			类型	材料			
1	外圆粗车	T01	90°外圆车刀	硬质合金	800	0.2	100
2	外圆精车	T01	90°外圆车刀		1 000	0	50
3	切槽	T02	5 mm槽刀		400	0	50
4	螺纹切削	T03	20×20		300	0	—

②安装刀具并调整刀尖高度与工件中心对齐。

③使用三爪卡盘夹持毛坯右侧$\phi55$ mm外圆面,夹持长度30 mm左右,并找正夹紧。

④对刀操作,将外圆刀、切槽刀及螺纹刀工件坐标系中心设定在工件左端面中心。

⑤调用90°外圆刀,采用G71外圆粗车固定循环指令对以上各个外圆进行加工,保留椭圆部分外圆面$\phi20$,留余量0.2 mm。

⑥采用G70精加工循环指令进行外圆面及端面的精加工,保证各个轴向尺寸,如图1.78(a)所示。

⑦调用90°外圆刀编制宏程序进行椭圆面的加工,编制精加工路线,通过调整工件坐标系中心位置进行粗车,如图1.78(b)所示。

⑧调用5 mm切槽刀切削螺纹退刀槽,尺寸5×$\phi24$。

⑨调用螺纹刀,采用G92螺纹切削循环指令切削M30×1.5螺纹,如图1.78(c)所示。

⑩停止主轴,工件掉头,夹持工件左端$\phi40$外圆,夹紧找正。

⑪调用1号刀齐端面,保证工件总长。

⑫对外圆刀进行Z方向对刀操作,将工件坐标系设置在工件右端面中心。

⑬调用外圆刀,采用G72端面粗加工固定循环及G70精加工循环指令,对工件右端成形面进行切削,保证成形面尺寸,如图1.78(d)所示。

3. 相关指令

本阶梯轴的加工实训项目主要进行外圆面、台阶面、沟槽面、成形面、椭圆面及螺

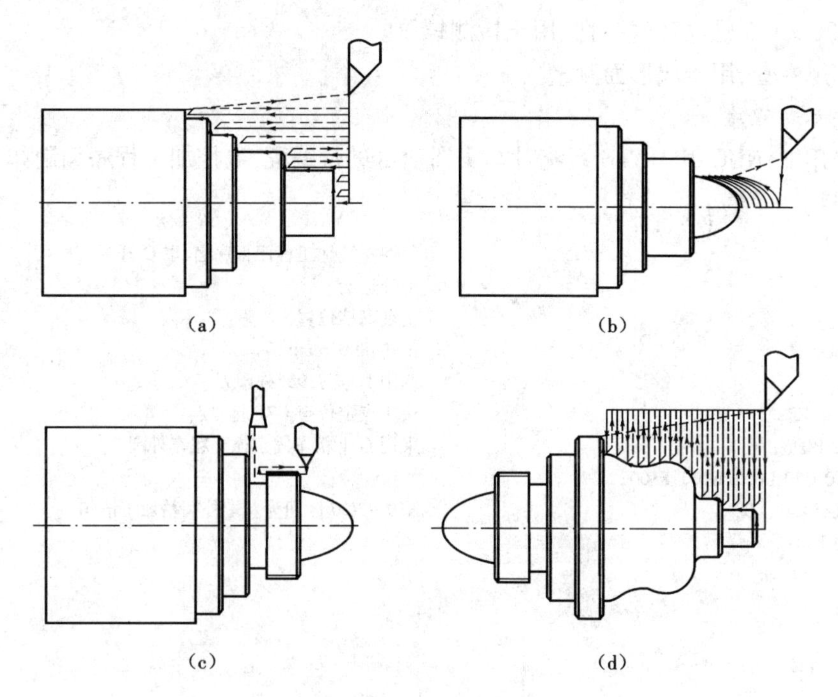

图 1.78　加工路线图

(a)G71、G70 切削外圆;(b)宏程序车削椭圆;(c)切槽、切螺纹;(d)G72、G70 切削成形面

纹的加工,所涉及的数控车床编程中的指令如下。

(1)G71:外圆粗车循环。

格式:G71 U__ R__;

　　G71 P__ Q__ U__ W__ F__ S__ T__;

(2)G72:外圆粗车循环。

格式:G72 W__ R__;

　　G71 P__ Q__ U__ W__ F__ S__ T__;

(3)G70:精加工循环。

格式:G70 P__ Q__;

(4)G65:调用宏程序。

格式:G65 P________ ;

(5)G92:螺纹加工循环。

格式:G92 X(U)__ Z(W)__ F__;

4. 量具准备

0 ~150 mm 钢尺一把,用于测量长度。

0 ~150 mm 游标卡尺一把,用于测量外圆及长度。

0 ~25 mm、25 ~50 mm 外径千分尺各一把,用于测量外圆。

M30×1.5 螺纹环规一把,用于检测螺纹。

R 规一套,用于成形面测量。

5. 参考程序

采用 FANUC 0I MATE 系统对本实训项目进行编程,数控加工程序编制如下。

程序语句	说　明
O0001;	工件左端加工程序程序名,以 O 开头
G98;	每分进给
M43;	主轴高挡位置
M03 S800;	正转,800 r/min
T0101;	调用 1 号刀,90°外圆刀
GOO X55 Z5;	快速点定位至 G71 起刀点
G71 U2 R0.5;	采用 G71 粗车固定循环粗车外圆
G71 P10 Q20 U0.2 W0.1 F100;	
N10 GOO G42 X0;	N10～N20 区间为左端外圆精加工语句
G01 Z0 F50;	
X20;	
Z-15;	
X28;	
X30 W-1;	
W-8;	
X48;	
X50 W-1;	
N20 G40 W-8;	
M03 S1000	精加工提高转速
G70 P10 Q20;	调用精加工循环,保证外圆尺寸
G00 X100 Z100;	点定位准备调用宏程序
T0202;	调用切槽刀
GOO X42 Z-28 S400;	快速移动至切削位置,降低转速
G01 X24 F50;	
G04 X2;	延时 2s
GOO X100;	退刀
Z100;	
T0303;	调用螺纹刀
GOO X35 Z-10 S300;	快速点定位至螺纹加工起点
G92 X29 Z-27 F1.5;	采用 G92 进行螺纹切削
X28.5;	
X28.3;	
X28.2;	
X28.1;	
X28.052;	
G00 X100 Z100;	退刀
M30;	左端加工程序结束
O0002;	工件右端加工程序程序名
G98;	每分进给

```
M43;                              主轴高挡位置
M03 S800;                         正转,800 r/min
T0101;                            调用 1 号刀,90°外圆刀
G00 X55 Z5                        快速点定位至 G72 起刀点
G72 W1.5 R0.5                     采用 G72 粗车固定循环粗车外圆
G72 P30 Q40 U0.2 W0.1 F50
N30 G00 G42 X50 Z-45              N30～N40 区间为右端成形面精加工语句
G01 X48 Z-44 F50
X40
G02 X36.63 Z-38.44 R10
G03 X34.28 Z-29.062 R10
G02 X20 Z-18 R8
G03 X16 Z-16 R2
G01 Z-10 C1
X10
Z0 C1
N40 X0
M03 S1000                         提高转速,准备进行精加工
G70 P30 Q40                       采用 G70 指令,进行成形面精加工
G00 G40 X100 Z100                 退刀
M30                               右端加工程序结束

O0003;                            椭圆面加工程序程序名
#1=20
WHILE[#1 GE 5] DO1
#2=10*SQRT[1-#1*#1/400]
G01 X[2*#2] Z[#1]
#1=#1-0.1
END 1
G01 U2 F50
M99                               返回主程序
```

6.考核评价

①学生完成零件,各组交换检测,填写实训报告的相应内容。

②教师对零件外圆面及螺纹质量检测,并对实训报告的相应内容进行批改,对学生整个加工过程进行分析和成绩的评定,并记录相应的评分表。

③收回所使用的刀夹量具,并做好相应的使用记录。

1.3.5 内孔螺纹轴工艺设计与加工实训

【能力目标】

本项目通过集内孔、内螺纹及复杂成形面于一体的综合实训件的加工,使学生熟悉孔类及套类零件的加工刀具的选用、加工工艺的制定、加工方法的选择、编程指令的运用、加工程序的编制和钻孔的注意事项等内容,同时掌握内孔刀、内螺纹刀的对

刀方法和步骤。

【知识目标】

①掌握内孔车刀及内螺纹刀安装与对刀方法。

②掌握数控车削各种成形面的基本方法和指令。

③掌握钻孔、扩孔的基本步骤和要领。

④根据孔类零件的精度及技术要求制定合理的加工工艺。

⑤熟悉常用内孔量具的使用。

⑥掌握数控车床编程指令(G71、G73、G70、G92 及基本指令)。

【实训内容】

1. 零件图纸

内孔螺纹轴零件图见图 1.79。

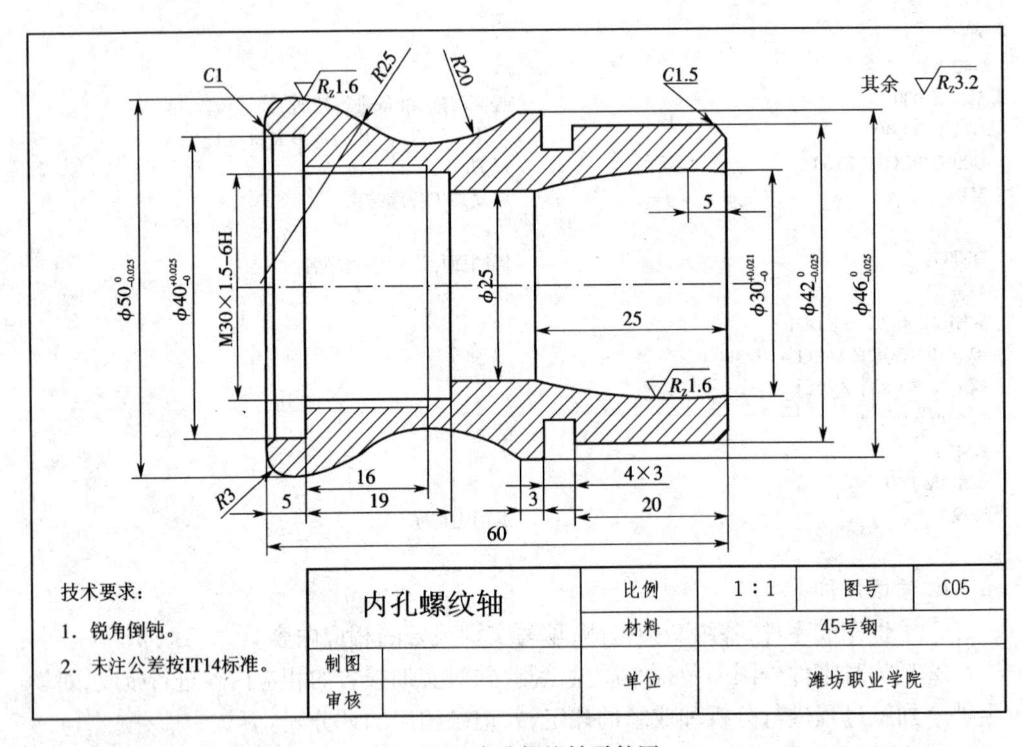

图 1.79 内孔螺纹轴零件图

2. 工艺路线分析

①识图并选择刀具。内孔螺纹轴加工图纸如图 1.79 所示,根据零件的总体尺寸选择毛坯为 $\phi55$ mm × 62 mm 棒料,材料为 45 号钢。工件主要外圆加工面为 $\phi42^{0}_{-0.025}$、$\phi46^{0}_{-0.025}$、$\phi50^{0}_{-0.025}$,内孔加工面为 $\phi30_{0}^{0.021}$、$\phi25$、$\phi40_{0}^{0.025}$,沟槽尺寸为 4 × 3,总长 60,螺纹尺寸 M30 × 1.5。根据上述所需主要加工尺寸确定所需刀具种类及切削参数如表 1.19 所示。

表 1.19　刀具选择及切削参数

序　号	加工面	刀具号	刀具规格		转速 n	余　量	进给速度 V
			类型	材料	$(r \cdot min^{-1})$		$(mm \cdot min^{-1})$
1	外圆粗车	T01	90°外圆车刀	硬质合金	800	0.2	100
2	外圆精车	T01	90°外圆车刀		1 000	0	50
3	切槽	T02	4 mm 槽刀		400	0	50
4	内孔	T03	20×20		1 000	0.2	50
5	内螺纹	T04	20×20		300	0	—
6	钻头	—	$\phi25$		300	0	50

②安装钻头、外圆刀、切槽刀及内孔车刀并调整刀尖高度与工件中心对齐。

③使用三爪卡盘夹持毛坯左侧外圆面 30 mm 左右,找正夹紧。

④利用机床尾座夹持钻头,手动钻削 $\phi25$ 内孔。

⑤对刀操作,将外圆刀、切槽刀和内孔刀工件坐标系中心设定在工件右端面中心。

⑥调用 90°外圆刀,采用 G71 外圆粗车固定循环对工件右侧外圆面 $\phi42^{0}_{-0.025}$、$\phi46^{0}_{-0.025}$进行粗车,保留椭圆部分外圆面,留余量 0.2 mm。

⑦采用 G70 精加工循环指令进行外圆面及端面的精加工,保证各个轴向尺寸。

⑧调用切槽刀加工 4×3 沟槽,加工路线如图 1.80(a)所示。

⑨调用内孔刀,采用 G71 指令加工内孔面,加工路线如图 1.80(b)所示。

⑩停止主轴,工件掉头、夹紧、找正。

⑪齐平端面,保证工件总长 60。

⑫将内螺纹刀进行对刀操作,外圆刀、内孔车刀进行 Z 方向对刀。

⑬调用外圆刀,采用 G73 复合循环指令和 G70 精加工循环指令进行工件左端复杂成形面的粗精加工。

⑭调用内孔刀,采用 G71、G70 指令进行工件内螺纹孔的加工,加工路线如图 1.80(c)所示。

⑮调用内螺纹刀,采用 G92 螺纹加工循环指令进行内螺纹的加工,加工路线如图 1.80(d)所示。

3. 相关指令

本阶梯轴的加工实训项目主要进行外圆面、内孔面、成形面及内螺纹的加工,所涉及的数控车床编程中的编程指令如下。

(1)G71:外圆粗车循环。

格式:G71 U __ R __;

　　G71 P __ Q __ U __ W __ F __ S __ T __;

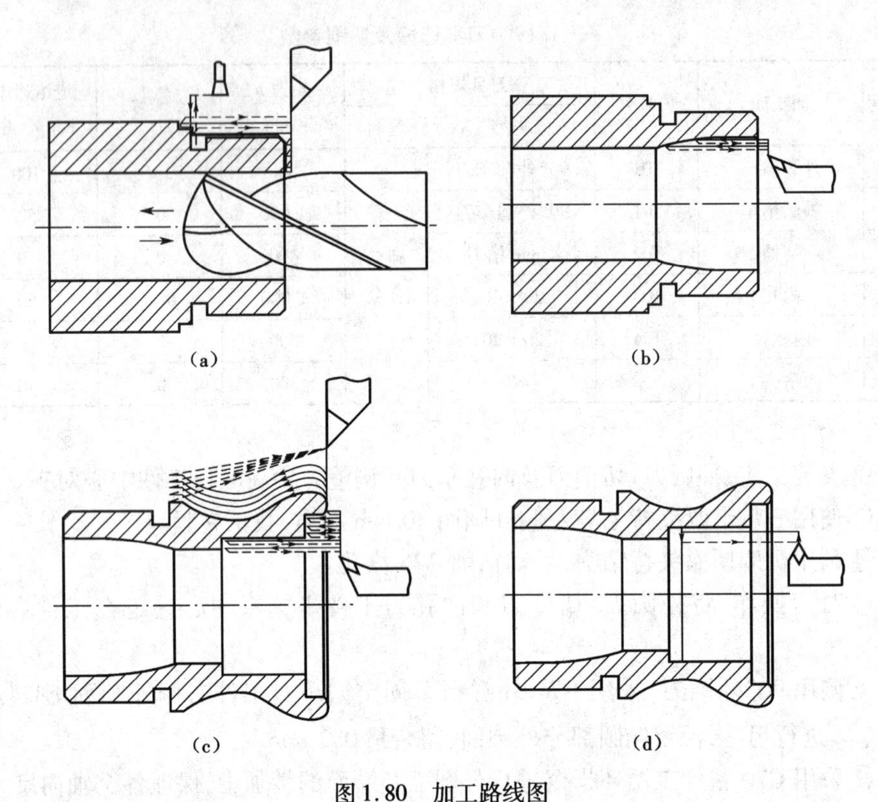

图 1.80　加工路线图

(a)钻孔、车外圆、切槽;(b)车削内孔;(c)G73 切成形面,G71 切内孔;(d)G92 切内螺纹

(2)G73:复合加工循环。

格式:G73 U __ W __ R __;

　　G73 P __ Q __ U __ W __ F __ S __ T __;

(3)G70:精加工循环。

格式:G70 P __ Q __;

4. 量具准备

0～150 mm 钢尺一把,用于测量长度。

0～150 mm 游标卡尺一把,用于测量外圆及长度。

25～50 mm 外径千分尺一把,用于测量外圆。

25～50 mm 内径百分表。

M30×1.5 螺纹塞规一把。

R 规一套。

5. 参考程序

采用 FANUC 0I MATE 系统对本实训项目进行编程,数控加工程序编制如下。

程序语句	说　明
O0001;	零件右端加工程序名
G98;	每分进给
M43;	主轴高挡位置
M03 S800;	正转,800 r/min
T0101;	调用1号刀,90°外圆刀
G00 X60 Z5;	快速点定位至G71起刀点
G71 U1.5 R0.5;	采用G71粗车固定循环粗车外圆
G71 P10 Q20 U0.2 W0.1 F100;	
N10 G00 G42 X30;	N10～N20区间为外圆精加工语句
G01 Z0 F50;	
X39;	
X42 C1.5;	
Z-24;	
N20 X46 ;	
M03 S1000;	提高转速,准备精加工
G70 P10 Q20;	精加工外圆,切除余量
G00 G40 X100 Z100;	
T0202 ;	调用切槽刀
G00 X50 Z-24 S400;	快速定位,降低转速
G01 X36 F50;	切槽
G04 X2;	延时2s
G00 X100;	退刀
Z100;	
T0303;	调用内孔刀
G00 X23 Z5 S800;	快速点定位至G71起点
G71 U1.5 R0.5;	采用G71指令加工右端内孔
G71 P30 Q40 U-0.2 W0.1 F100;	
N30 G00 G41 X30;	N30～N40区间为内孔精加工语句
G01 Z-5 F50;	
N40 G03 X25 Z-25 R60;	
M03 S1000;	提高转速准备精加工
G70 P30 Q40;	精加工内孔,切除余量
G00 G40 X100 Z100;	退刀
M30;	右端加工程序结束
O0002;	零件左端加工程序名
G98;	
M43;	
M03 S800;	
T0101;	调用1号刀
G00 X55 Z5;	快速定位,准备加工左端成形面
G73 U18 W0 R6;	采用G73复合加工循环指令加工成形面
G73 P50 Q60 U0.2 W0 F100;	
N50 G00 X42 Z0;	N50～N60区间为成形面精加工语句
G01 X44 F50;	

```
G03 X50 Z3 R3;
G01 Z-5;
G03 X41.63 Z-14.13 R25;
G02 X46 Z-33 R20;
N60 G01 W-5;
M03 S1000;                        提高转速,准备精加工
G70 P50 Q60;                      精加工成形面,切除余量
G00 X100 Z100;
T0303;                            调用内孔刀
G00 X25 Z5 S800;                  快速点定位,准备车削螺纹孔
G71 U1.5 R0.5;                    采用G71指令进行螺纹内孔粗车
G71 P70 Q80 U0.2 W0.1 F100;       N70~N80区间为螺纹孔精加工语句
N70 G00 G41 X42;
G01 Z0 F50;
X40 Z-1;
Z-5;
X28.052;
W-19;
N80 X25;
M03 S1000;                        提高转速准备精加工
G70 P70 Q80;                      精加工螺纹孔,切除余量
G00 G40 X100 Z100;                退刀
T0404;                            调用内螺纹刀
G00 X25 Z5 S300;                  快速点定位至螺纹加工起刀点
G92 X29.5 Z-21 F1.5;              采用G92指令加工内螺纹
X29.7;
X29.8;
X29.9;
X30;
G00 X100 Z100;                    退刀
M30;                              左端加工程序结束
```

6.考核评价

①学生完成零件,各组交换检测,填写实训报告的相应内容。

②教师对零件外圆面及螺纹质量检测,并对实训报告的相应内容进行批改,对学生整个加工过程进行分析和成绩评定,并记录相应的评分表。

③收回所使用的刀夹量具,并做好相应的使用记录。

项目二　FANUC 系统的数控铣床实训

任务 2.1　数控铣削基础知识实训

数控铣床、加工中心基础实训项目是数控铣削实训课程的基本实训内容，通过此部分的实习实训，学生可在掌握以往所学知识的基础上，结合北京第一机床股份有限公司生产的 XK714B 数控铣床、沈阳第一机床厂生产的 VM850 立式加工中心和 FANUC 0I MC 数控系统，对数控铣床、加工中心的安全操作规程及维护保养、基本结构、数控铣刀的种类及用途、编程基础及基本量具的使用进行更为详细、更有针对性的实训操作，为后续项目的正常进行奠定基础。

2.1.1　数控铣床、加工中心基本结构

【能力目标】

通过本项目的实训，了解数控铣床、加工中心实训设备的基本情况及特性，熟悉数控铣削加工的加工工艺顺序、数控铣床的组成部分及工作过程，掌握实训所使用铣床及加工中心的主要性能参数。

【知识目标】

①了解数控铣床及加工中心的结构和组成。

②掌握数控铣削设备的分类及特点。

③掌握数控铣削设备的加工范围。

【实训内容】

数控铣床是一种用途很广泛的机床，有立式和卧式两种。一般数控铣床是指规格较小的升降台式数控铣床。数控铣床多分为三坐标轴两轴联动的机床，也称两轴半控制，即 X、Y、Z 三个坐标轴中，任意两轴都可以联动。与加工中心相比，数控铣床除了缺少自动换刀功能及刀库外，其他方面均与加工中心类似，也可以对工件进行钻、扩、铰、锪和镗孔加工与攻丝等工作。现以 XK714B 型数控铣床为例进行阐述。

1. 数控铣床的组成

数控铣床是在一般铣床的基础上发展起来的，两者的加工工艺基本相同，结构也有些相似，但数控铣床是靠程序控制的自动加工机床，所以其结构也与普通铣床有很大区别。

数控铣床一般由数控系统、主传动系统、进给伺服系统、冷却润滑系统等几大部分组成。

①主轴箱。包括主轴箱体和主轴传动系统,用于装夹刀具并带动刀具旋转,主轴转速范围和输出扭矩对加工有直接影响。

②进给伺服系统。由进给电机和进给执行机构组成,按照程序设定的进给速度实现刀具和工件之间的相对运动,包括直线进给运动和旋转运动。

③控制系统。数控铣床运动控制的中心,执行数控加工程序控制机床进行加工。

④辅助装置。如液压、气动、润滑、冷却系统和排屑、防护等装置。

⑤机床基础件。通常指底座、立柱、横梁等,它是整个机床的基础和框架。

2. 数控铣床的分类

数控铣床可进行钻孔、镗孔、攻螺纹、轮廓铣削、平面铣削、平面型腔铣削及空间三维复杂型面的铣削加工。加工中心、柔性加工单元是在数控铣床的基础上产生和发展起来的,其主要加工方式也是铣加工方式。

数控铣床按通用铣床的分类方法分为以下3类。

(1)数控立式铣床

数控立式铣床主轴轴线垂直于水平面,这种铣床占数控铣床的大多数,应用范围也最广。目前三坐标数控立式铣床占数控铣床的大多数,一般可进行三轴联动加工。

(2)卧式数控铣床

卧式数控铣床的主轴轴线平行于水平面。为了扩大加工范围和扩充功能,卧式数控铣床通常采用增加数控转台或万能数控转台的方式来实现四轴和五轴联动加工。这样既可以加工工件侧面的连续回转轮廓,又可以实现在一次装夹中通过转台改变零件的加工位置(也就是通常所说的工位)进行多个位置或工作面的加工。

(3)立卧两用转换铣床

这类铣床的主轴可以进行转换,可在同一台数控铣床上进行立式加工和卧式加工,同时具备立、卧式铣床的功能。

3. 数控铣床的主要加工对象

(1)平面类零件

平面类零件的特点表现在加工的表面既可以平行于水平面,又可以垂直于水平面,也可以与水平面的夹角成定角。目前在数控铣床上加工的绝大多数零件属于平面类零件。平面类零件是数控铣削加工中最简单的一类,一般只需要用三坐标数控铣床的两轴联动或三轴联动即可加工。在加工过程中,加工面与刀具为面接触,粗、精加工都可采用端铣刀或牛鼻刀。

(2)曲面类零件

曲面类零件的特点是加工表面为空间曲面,在加工过程中,加工面与铣刀始终为点接触。表面精加工多采用球头铣刀进行。

4. 数控铣削加工顺序的安排

加工顺序通常包括切削加工工序、热处理工序和辅助工序等。工序安排的科学与否将直接影响到零件的加工质量、生产率和加工成本。切削加工工序通常按以下原则安排。

①先粗后精原则。当加工零件精度要求较高时都要经过粗加工、半精加工、精加工阶段。如果精度要求更高,还需包括光整加工等阶段。

②基准面先行原则。用作精基准的表面应先加工,任何零件的加工过程总是先对定位基准进行粗加工和精加工。例如,轴类零件总是先加工中心孔,再以中心孔为精基准加工外圆和端面;箱体类零件总是先加工定位用的平面及两个定位孔,再以平面和定位孔为精基准加工孔系和其他平面。

③先面后孔原则。对于箱体、支架等零件,平面尺寸轮廓较大,用平面定位比较稳定,而且孔的深度尺寸又是以平面为基准的,故应先加工平面,然后再加工孔。

④先主后次原则。先加工主要表面,然后加工次要表面。

2.1.2　数控铣床、加工中心安全操作规程

【能力目标】

学生在进行数控铣床及加工中心操作和实训之前,首先应对数控铣床及加工中心的安全操作规程进行认真的学习和领会,明确安全操作的基本注意事项、加工中的注意事项及加工完成后的现场清理工作等。

【知识目标】

①了解数控铣床、加工中心实训的性质及今后实训的任务。

②明确安全操作的基本注意事项。

③明确实训加工之前的准备工作及加工后的清理工作。

④明确实训过程中的安全操作事项。

⑤培养安全生产、文明生产意识及责任感。

【实训内容】

1. 一般的警告

①零件加工前一定首先确认机床正常运行,要通过试车保证机床的正常工作。例如,在机床上不装工件和刀具时,利用机床“程序单段”和 MDI 功能检查机床能否正常运行。

②机床运行之前,仔细检查输入的数据。

③确保指定的进给速度与想要进行的机床操作相适应。

④当使用刀具补偿功能时,仔细检查补偿方向和补偿量。

⑤CNC 和 PMC 的参数都是机床厂家设置的,通常不需要修改。

⑥在机床通电后,CNC 单元尚未出现位置显示或报警画面之前,不要碰 MDI 面板上的任何键。

2. 与编程相关的警告和注意事项

(1)坐标系的设置

如果没有设置正确的坐标系,即使指定了正确的指令,机床有可能还会发生误动

作。这种误动作会损坏刀具、机床、工件,甚至伤害操作者。

(2)非线性插补定位

当进行非线性插补定位时,在编辑之前仔细确认刀具路径的正确性。这种定位包括快速移动,如果刀具和工件发生了碰撞,有可能损坏刀具、机床、工件,甚至伤害操作者。

(3)行程检查

在接通机床电源后,需要进行手动返回参考点。

(4)绝对值/增量方式

如果用绝对坐标编制的程序在增量方式下运行,或者反过来,则机床有可能发生误动作。

(5)程序的模拟

学生编写程序或将程序输入机床后,需先进行图形模拟,准确无误后再进行机床试运行,并且刀具应离开工件端面200 mm以上。

3. 与机床操作相关的警告和注意事项

(1)手动操作

当手动操作机床时,要确定刀具和工件的当前位置并确保正确地指定了运动轴、方向和进给速度。

(2)手动返回参考点

接通电源后,执行手动返回参考点位置,如果没有执行手动返回参考点就操作机床,机床的运动将不可预料。

(3)手轮进给

在手轮进给时,在较大倍率(如100)下旋转手轮,刀具和工作台会快速移动。大倍率的手轮移动有可能会造成刀具和机床的损害。

(4)编辑程序

当加工程序还在使用时,不要修改、插入、删除其中的命令。

4. 机床操作注意事项

①对刀应准确无误。刀具补偿号应与程序调用刀具号相符。

②检查机床各功能按键的位置是否正确。

③光标要放在主程序头。

④浇注适量冷却液。

⑤站立位置应合适,启动程序时右手做好停止按钮的准备。程序在运行当中手不能离开停止按钮,如有紧急情况立即按下。

5. 切削

加工过程中认真观察切削及冷却状况,确保机床、刀具的正常运行及工件加工的质量,并关闭防护门以免铁屑和润滑油飞出。

6. 测量

在程序运行中须暂停测量工件尺寸时,要待机床完全停止、主轴停转后方可进行测量,以免发生人身事故。

7. 关机

关机时,要等主轴停转 3 min 后按顺序关机。

2.1.3　数控铣刀的种类及用途

【能力目标】

通过本项目的实训,对照实物了解数控铣刀的种类组成、安装和工作原理,并建立数控刀具在数控机床上使用的感性认识,为后续的数控铣削加工操作打好基础。

【知识目标】

①了解数控铣刀的种类及安装方法。

②掌握各种数控铣刀所使用的场合及特性。

③掌握数控铣床、加工中心常用刀具以及刀具的装夹方法。

【实训内容】

1. 数控铣刀的种类

铣刀是用于铣削加工的、具有两个或多个刀齿的旋转刀具。工作时各刀齿依次间歇地切去工件的余量。铣刀主要用于在铣床或加工中心上加工平面、台阶、沟槽、成形表面和切断工件等。

铣刀按用途区分,有以下几种常用的形式。

1) 圆柱形铣刀

用于卧式铣床上加工平面。刀齿分布在铣刀的圆周上,按齿形分为直齿和螺旋齿 2 种;按齿数分粗齿和细齿 2 种。螺旋齿粗齿铣刀齿数少,刀齿强度高,容屑空间大,适用于粗加工;细齿铣刀适用于精加工。

2) 面铣刀

用于立式铣床、端面铣床或龙门铣床上加工平面,端面和圆周上均有刀齿,也有粗齿和细齿之分。其结构有整体式、镶齿式和可转位式 3 种。

3) 立铣刀

用于加工沟槽和台阶面等,刀齿在圆周和端面上,工作时不能沿轴向进给。当立铣刀上有通过中心的端齿时,可轴向进给。

4) 三面刃铣刀

用于加工各种沟槽和台阶面,其两侧面和圆周上均有刀齿。

5) 角度铣刀

用于铣削成一定角度的沟槽,有单角铣刀和双角铣刀 2 种。

6) 锯片铣刀

用于加工深槽和切断工件,其圆周上有较多的刀齿。为了减少铣切时的摩擦,刀齿两侧有 1°~15°的副偏角。此外,还有键槽铣刀、燕尾槽铣刀、T 形槽铣刀和各种成形铣刀。

铣刀按结构分为以下 4 种。

1)整体式

刀体和刀齿制成一体。

2)整体焊齿式

刀齿用硬质合金或其他耐磨刀具材料制成,并钎焊在刀体上。

3)镶齿式

刀齿用机械夹固的方法紧固在刀体上。这种可换的刀齿可以是整体刀具材料的刀头,也可以是焊接刀具材料的刀头。刀头装在刀体上刃磨的铣刀称为体内刃磨式;刀头在夹具上单独刃磨的铣刀称为体外刃磨式。

4)可转位式

这种结构已广泛用于面铣刀、立铣刀和三面刃铣刀等。

铣刀按齿背的加工方式分为以下 2 种。

1)尖齿铣刀

后面磨出一条窄的韧带以形成后角,由于切削角度合理,其寿命较长。尖齿铣刀的齿背有直线、曲线和折线 3 种形式。直线齿背常用于细齿的精加工铣刀。曲线和折线齿背的刀齿强度较好,能承受较大的切削负荷,常用于粗齿铣刀。

2)铲齿铣刀

其后面用铲削(或铲磨)方法加工成阿基米德螺旋线的齿背,铣刀用钝后只需重磨前面,能保持原有齿形不变,用于制造齿轮铣刀等各种成形铣刀。

根据制造刀具所用的材料可分为:高速钢刀具;硬质合金刀具;金刚石刀具;其他材料刀具,如立方氮化硼刀具、陶瓷刀具等。

按铣刀结构和安装方法可分为带柄铣刀和带孔铣刀。

1)带柄铣刀

带柄铣刀有直柄和锥柄之分。一般直径小于 20 mm 的较小铣刀做成直柄;直径较大的铣刀多做成锥柄。这种铣刀多用于立铣加工。

①端铣刀。由于其刀齿分布在铣刀的端面和圆柱面上,故多用于立式升降台铣床上加工平面,也可用于卧式升降台铣床上加工平面。

②立铣刀。它是一种带柄铣刀,有直柄和锥柄两种,适于铣削端面、斜面、沟槽和台阶面等。

③键槽铣刀和 T 形槽铣刀。它们专门用于加工键槽和 T 形槽。

④燕尾槽铣刀。专门用于铣燕尾槽。

2)带孔铣刀

带孔铣刀适用于卧式铣床加工,能加工各种表面,应用范围较广。

①圆柱铣刀。由于它仅在圆柱表面上有切削刃,故用于卧式升降台铣床上加工

平面。

②三面刃铣刀和锯片铣刀。三面刃铣刀一般用于卧式升降台铣床上加工直角槽,也可以加工台阶面和较窄的侧面等。锯片铣刀主要用于切断工件或铣削窄槽。

③模数铣刀。用来加工齿轮等。

各种铣刀类型如图 2.1 所示。

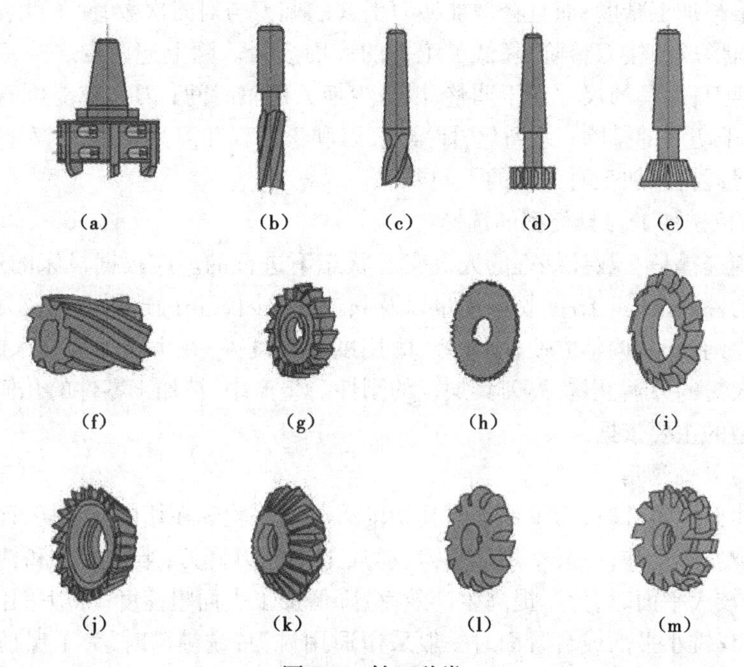

图 2.1　铣刀种类

(a)硬质合金端铣刀;(b)立铣刀;(c)键槽铣刀;(d)T 形铣刀;(e)燕尾槽铣刀;(f)圆柱铣刀;(g)三面刃铣刀;(h)锯片铣刀;(i)模数铣刀;(j)单角铣刀;(k)双角铣刀;(l)凸圆弧铣刀;(m)凹圆弧铣刀

2. 数控铣刀的选择

(1)数控铣加工对刀具的要求

为了保证数控铣机床的加工精度,提高数控铣机床的生产效率并降低刀具材料的消耗,在选用数控铣机床刀具和刀具材料时,除满足普通机床应具备的基本条件外,还要考虑在数控铣机床中刀具工作条件等多方面因素,如切屑的断屑性能、刀具的快速调整与更换,因此对刀具和刀具材料提出了更高的要求。

1)铣刀刚性要好

一是为提高生产效率而采用大切削用量的需要;二是为适应数控铣床加工过程中难以调整切削用量的特点。当工件各处的加工余量相差悬殊时,通用铣床遇到这种情况很容易采取分层铣削方法加以解决,而数控铣削就必须按程序规定的走刀路线前进,遇到余量大时无法像通用铣床那样“随机应变”,除非在编程时能够预先考虑到,否则铣刀必须返回原点,用改变切削面高度或加大刀具半径补偿值的方法从头开始加工,多走几刀。但这样势必造成余量少的地方经常走空刀,降低了生产效率,如刀具刚性较好则不必这么做。

2)铣刀的耐用度要高

尤其是当一把铣刀加工的内容很多时,如刀具不耐用而磨损较快,就会影响工件的表面质量与加工精度;而且会增加换刀引起的调刀与对刀次数,使工件表面留下因对刀误差而形成的接刀台阶,降低了工件的表面质量。除上述两点之外,互换性好,便于快速换刀;刀具的尺寸便于调整,以减少换刀调整时间;刀具应能可靠地断屑或卷屑,以利于切屑的排除;系列化,标准化,以利于编程和刀具管理,等等。这些是数控加工与普通机床加工对刀具的不同要求。

(2)数控铣加工刀具类型的选择

刀具的选择是在数控编程的人机交互状态下进行的。应根据机床的加工能力、工件材料的性能、加工工序、切削用量以及其他相关因素正确选用刀具及刀柄。刀具选择总的原则:安装调整方便,刚性好,耐用度和精度高;在满足加工要求的前提下,尽量选择较短的刀柄,以提高刀具加工的刚性。生产中,被加工零件的几何形状是选择刀具类型的主要依据。

1)铣刀具的选用

加工曲面类零件时,为了保证刀具切削刃与加工轮廓在切削点相切,而避免刀刃与工件轮廓发生干涉,一般采用球头刀;粗加工用两刃铣刀,半精加工和精加工用四刃铣刀;铣较大平面时,为了提高生产效率、降低加工表面粗糙度,一般采用刀片镶嵌式盘形铣刀;铣小平面或台阶面时一般采用通用铣刀;铣键槽时,为了保证槽的尺寸精度一般用两刃键槽铣刀。

2)孔加工刀具的选用

数控机床孔加工一般无钻模,由于钻头的刚性和切削条件差,选用钻头直径 D 应满足 $L/D\leqslant 5$(L 为钻孔深度)的条件;钻孔前先用中心钻定位,保证孔加工的定位精度;精铰前可选用浮动铰刀,铰孔前孔口要倒角;镗孔时应尽量选用对称的多刃镗刀头进行切削,以平衡镗削振动;尽量选择较粗、较短的刀杆,以减少切削振动。在经济型数控加工中,由于刀具的刃磨、测量和更换多为人工手动进行,占用辅助时间较长,因此必须合理安排刀具的排列顺序。一般应遵循以下原则:

①尽量减少刀具数量;

②一把刀具装夹后,应完成其所能进行的所有加工部位;

③粗、精加工的刀具应分开使用,即使是相同尺寸规格的刀具;

④先铣后钻;

⑤先进行曲面精加工,后进行二维轮廓精加工;

⑥在可能的情况下,应尽可能利用数控机床的自动换刀功能,以提高生产效率等。

另外,刀具的耐用度和精度与刀具价格关系极大。必须注意的是,在大多数情况下选择好的刀具虽然增加了刀具成本,但由此带来的加工质量和加工效率的提高,则可以使整个加工成本大大降低。总之,根据被加工工件材料的热处理状态、切削性能及加工余量,选择刚性好、耐用度高的铣刀,是充分发挥数控铣床的生产效率和获得满意的加工质量的前提。

3. 选用数控铣刀时的注意事项

①在数控机床上铣削平面时,应采用可转位式硬质合金刀片铣刀。

②高速钢立铣刀多用于加工凸台和凹槽,最好不要用于加工毛坯面,因为毛坯面有硬化层和夹砂现象,会加速刀具的磨损。

③加工余量较小,并且要求表面粗糙度较低时,应采用氮化硼刀片端铣刀或陶瓷刀片端铣刀。

④镶硬质合金立铣刀可用于加工凹槽、凸台面和毛坯表面。

⑤镶硬质合金刀片的铣刀可以进行强力切削,铣削毛坯表面和用于孔的粗加工。

⑥加工精度要求较高的凹槽时,可采用直径比槽宽小一些的立铣刀,先铣槽的中间部分,然后利用刀具的半径补偿功能铣削槽的两边,直到达到精度要求为止。

⑦在数控铣床上钻孔,一般不采用钻模,钻孔深度为直径的 5 倍左右的深孔加工容易折断钻头,可采用固定循环程序,多次自动进退,以利于冷却和排屑。

2.1.4 数控铣床、加工中心编程基础

【能力目标】

通过本项目的实训,对数控铣床、加工中心编程指令进行全面的学习,要求学生掌握手工编程的一般步骤及加工程序的结构,熟练掌握常用的 G、F、S、T、M 指令的应用及模态与非模态指令的区别。

【知识目标】

①掌握辅助功能代码的含义及应用场合。

②掌握 G 代码的含义及应用规则和格式。

③掌握复合循环的编程特点及使用场合。

【实训内容】

数控编程是数控加工的重要步骤。用数控机床对零件进行加工时,首先对零件进行加工工艺分析,以确定加工方法、加工工艺路线,从而确定数控机床刀具和装夹方法;然后,按照加工工艺要求,根据所用数控系统规定的指令代码及程序格式,将刀具的运动轨迹、位移量、切削参数及辅助功能编写成加工程序单,传送或输入到数控装置中,由数控系统控制数控机床自动进行加工。从分析零件图样开始到获得正确的程序载体为止的全过程,称为零件加工程序的编制,简称为编程。

1. 常用准备功能指令(G 代码)的编程要点

(1)绝对坐标和相对坐标指令(G90,G91)

表示运动轴的移动方式。使用绝对坐标指令(G90),程序中的位移量用刀具的

终点坐标表示。相对坐标指令(G91),又称增量坐标指令,用刀具运动的增量值来表示。如图 2.2 所示,表示刀具从 A 点到 B 点的移动,用以上两种方式的编程分别如下:

指令格式:G90 X80.0 Y150.0;

G91 X-40.0 Y90.0;

(2)坐标系设定指令(G92)

在使用绝对坐标指令编程时,预先要确定工件坐标系,通过 G92 可以确定当前工作坐标系。该坐标系在机床重新开机时消失,如图 2.3 所示。

指令格式:G92 X __ Y __ Z __;

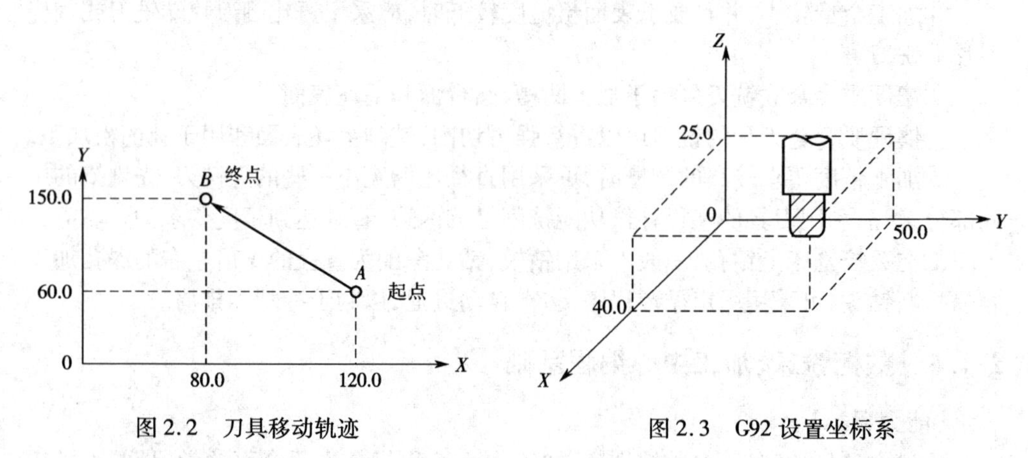

图 2.2　刀具移动轨迹　　图 2.3　G92 设置坐标系

(3)局部坐标系(G52)

G52 可以建立一个局部坐标系,局部坐标系相当于 G54～G59 坐标系的子坐标系。

指令格式:G52 X __ Y __ Z __;

该指令中,X __ Y __ Z __给出了一个相对于当前 G54～G59 坐标系的偏移量,也就是说,X __ Y __ Z __给定了局部坐标系原点在当前 G54～G59 坐标系中的位置坐标。取消局部坐标系的方法也非常简单,使用 G52 X0 Y0 Z0 即可。

(4)工件坐标系的选取指令(G54～G59)

在机床中,可以预置 6 个工件坐标系。通过在 CRT-MDI 面板上的操作,设置每一个工件坐标系原点相对于机床坐标系原点的偏移量,然后使用 G54～G59 指令来选用它们,G54～G59 都是模态指令,并且存储在机床存储器内,在机床重开机时仍然存在,并与刀具的当前位置无关。

一旦指定了 G54～G59 之一,则该工件坐标系原点即为当前程序原点,后续程序段中的工件绝对坐标均为相对于此程序原点的值。

(5)平面选取指令(G17、G18、G19)

在三坐标机床上加工时,如进行圆弧插补,要规定加工所在的平面,用 G 代码可以进行平面选择，如图 2.4 所示。

G17，*XY* 平面；G18，*ZX* 平面；G19，*YZ* 平面。

(6)快速点定位指令(G00)

该指令命令刀具以点位控制方式从刀具所在点快速移动到目标位置，无运动轨迹要求，如图 2.5 所示，G00 移动速度是机床设定的空运行速度，与程序段中的进给速度无关。

指令格式：G00　X__Y__Z__；

其中：*X*、*Y*、*Z* 代表目标点的坐标；“；”表示一个程序段的结束。

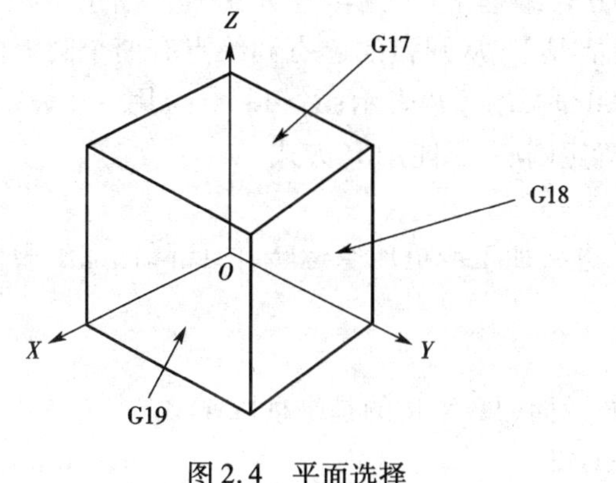

图 2.4　平面选择

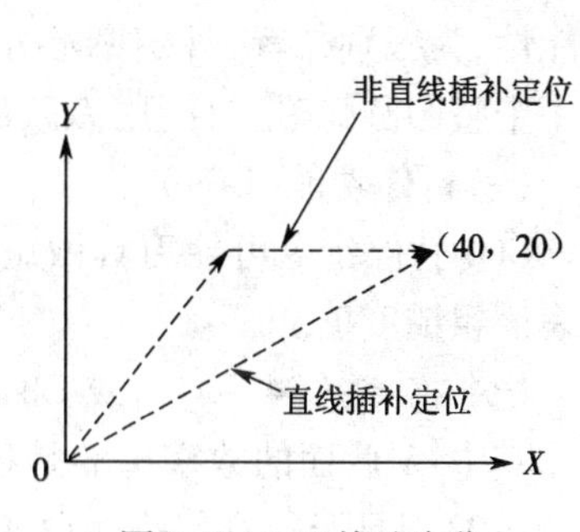

图 2.5　G00 快速定位

(7)直线插补指令(G01)

G01 指令表示刀具从当前位置开始以给定的速度(切削进给速度 *F*)，沿直线移动到规定的位置。

指令格式：G01　X__Y__Z__F__；

如图 2.6 所示，刀具由原点直线插补至(40,20)点。

指令格式：G01　X40.0 Y20.0 F100；

(8)圆弧插补指令(G02、G03)

G02 为顺时针圆弧插补，G03 为逆时针圆弧插补，刀具进行圆弧插补时必须规定所在平面，然后再确定回转方向，如图 2.7 所示。

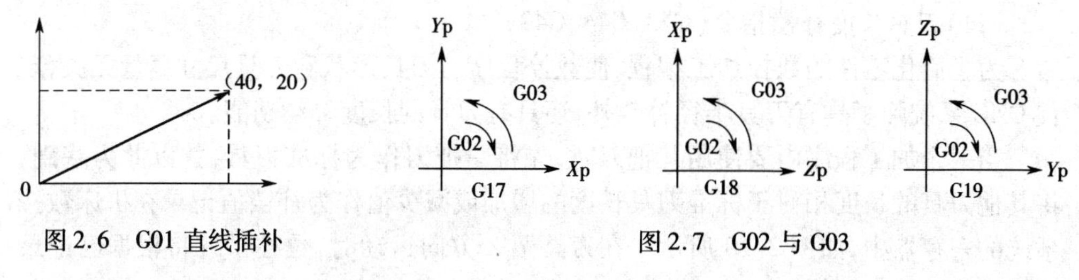

图 2.6　G01 直线插补　　图 2.7　G02 与 G03

G02 与 G03 的确定：沿圆弧所在平面(如 *XY* 平面)另一坐标轴的负方向(－*Z*)

看去,顺时针方向 G02,逆时针方向 G03。

指令格式:G17 { G02 / G03 } X __ Y __ { (I __ J __) / R __ } F __ ;

G18 { G02 / G03 } X __ Z __ { (I __ K __) / R __ } F __ ;

G19 { G02 / G03 } Y __ Z __ { (J __ K __) / R __ } F __ ;

其中:*X*、*Y*、*Z* 表示圆弧终点坐标,可以用绝对值,也可以用增量值,由 G90 或 G91 指定;*I*、*J*、*K* 分别为圆弧起点到圆心在 *X*、*Y*、*Z* 轴方向的增量值,或者说圆心相对于圆弧起点在 *X*、*Y*、*Z* 方向的增量值,带有正负号;*R* 表示圆弧半径;*F* 表示沿圆弧运动的速度。

在具体圆弧编程时,可以用 *I*、*J*、*K* 方式编程,也可用半径 *R* 编程。当用半径 *R* 指定圆心位置时,由于在同一半径 *R* 的情况下,从圆弧的起点到终点有两个圆弧的可能性,为区别二者,规定圆心角 $\alpha < 180°$ 时,用 $+R$ 表示;$\alpha > 180°$ 时,用 $-R$ 表示。编一个整圆圆弧时,只能用 *I*、*J*、*K* 方式确定圆心,不能用 R 方式。

(9)暂停功能(G04)

G04 暂停指令可使刀具做短时间无进给加工或机床空运转,由此降低加工表面的表面粗糙度值。

指令格式:G04　X __;或 G04　P __;

其中:*X* 后面的数字指的是秒(s);*P* 后面的数字指的是毫秒(ms)。

(10)刀具半径补偿指令(G40、G41、G42)

在编制轮廓切削加工的场合,一般以工件的轮廓尺寸为刀具编程轨迹,这样编制加工程序简单,即假设刀具中心运动轨迹是沿工件轮廓运动的,而实际的刀具运动轨迹要与工件轮廓有一个偏移量(刀具半径),如图 2.8 所示。利用刀具半径补偿功能可以方便地实现这一转变,简化程序编制,机床可以自动判断补偿的方向和补偿值的大小,自动计算出实际刀具中心轨迹,并按刀具中心轨迹运动。

G40,刀具半径补偿取消;G41,刀具半径左补偿;G42,刀具半径右补偿。

左、右补偿的判断:沿着刀具前进的方向观察,刀具偏在工件轮廓的左边,称为左补偿,用 G41;刀具偏在工件轮廓的右边,称为右补偿,用 G42。如图 2.9 所示。

指令格式:G41(G42) X __ Y __ D __;

其中:*D* 为刀具偏置寄存器编号。

(11)刀具长度补偿指令(G43、G44、G49)

为了简化零件的数控加工编程,使数控程序与刀具形状和刀具尺寸尽量无关,现代 CNC 系统除了具有刀具半径补偿外,还具有刀具的长度补偿功能。

当一个加工程序内要使用几把刀时,先将一把刀作为标准刀具,并以此为基础,将其他刀具的长度相对于标准刀具长度的增加或减少值作为补偿值记录在机床数控系统的寄存器中,如图 2.10 所示。在刀具做 *Z* 方向运动时,数控系统将根据已记录的补偿值作相应的修正。

G43 指令为刀具长度补偿 +(正向偏置),也就是说 *Z* 轴到达的实际位置为指令

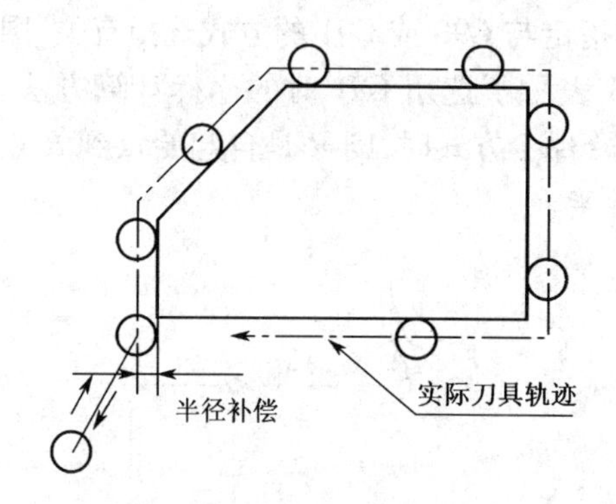

图 2.8　刀具半径补偿含义

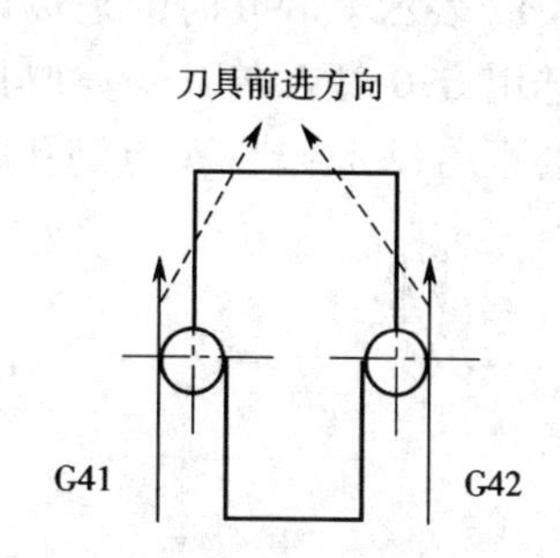

图 2.9　左右补偿的判断

值与补偿值相加的位置;G44 指令为刀具长度补偿 -(负向偏置),也就是说 *Z* 轴到达的实际位置为指令值减去补偿值的位置;G49 或 H00 为取消刀具长度补偿指令。NC 执行到 G49 或 H00 指令时,立即取消刀具长度补偿,并使 *Z* 轴运动到不加补偿值的指令位置。

指令格式:G43(G44) Z __ H __;

其中:*H* 指定长度偏置值的地址。

(12)固定循环指令(G73、G74、G76、G80 ~ G89)

在数控加工中,一些典型的加工程序,如钻孔,一般需要快速接近工件、慢速钻孔、快速回退等动作。这些典型的、固定的几个连续动作,用一条 G 指令来代表,这样只需用单一程序段的指令程序即可完成加工,这样的指令称为固定循环指令。对钻孔用循环指令,其固定循环指令由 6 步形成,如图 2.11 所示。

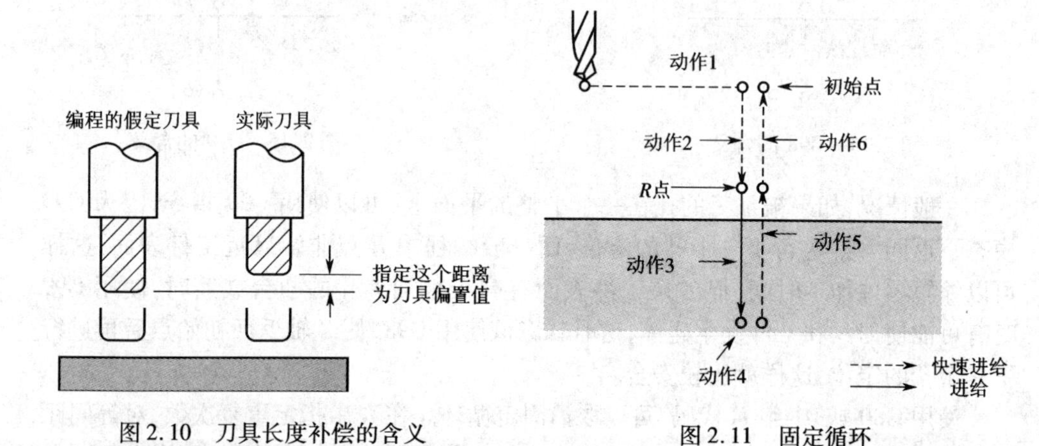

图 2.10　刀具长度补偿的含义

图 2.11　固定循环

初始点平面是为安全下刀而规定的一个平面,其到零件表面的距离可以任意设定在一个安全的高度上,*R* 点平面为刀具下刀时由快进转为工进的平面,到工件表面的距离主要考虑工件表面尺寸的变化,一般可取 2 ~ 5 mm。

固定循环指令中地址 R 与地址 Z 的数据指定与 G90 或 G91 的方式选择有关,图 2.12 表示了 G90 时的坐标计算方法,图 2.13 表示了选用 G91 时的坐标计算方法。选用 G90 时 R 与 Z 一律取其终点坐标值;选择 G91 方式时,则 R 是自起始点到 R 点的距离,Z 是指自 R 点到孔底平面上 Z 点的距离。

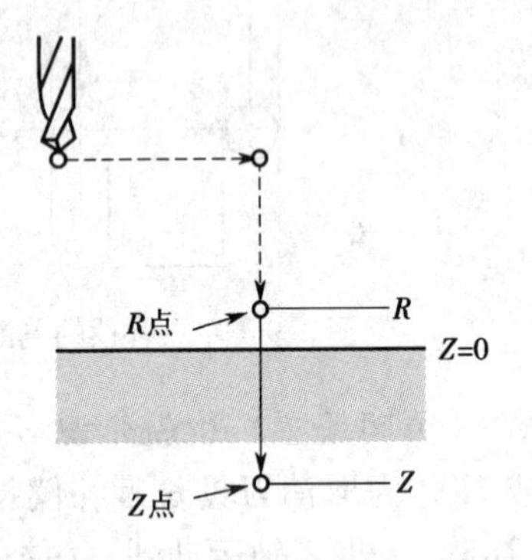

图 2.12 G90 时 R 和 Z 的含义

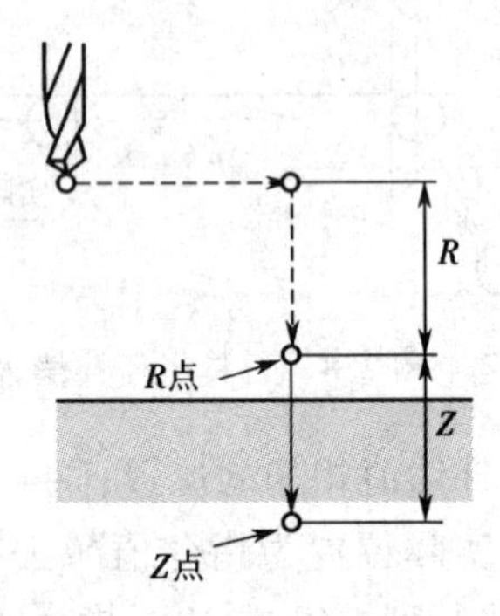

图 2.13 G91 时 R 和 Z 的含义

G98 和 G99 两个模态指令控制孔加工循环结束后刀具是返回起始点平面还是 R 点平面。G98 返回到起始点平面,为缺省方式;G99 返回到 R 点平面。如图 2.14、图 2.15 所示。

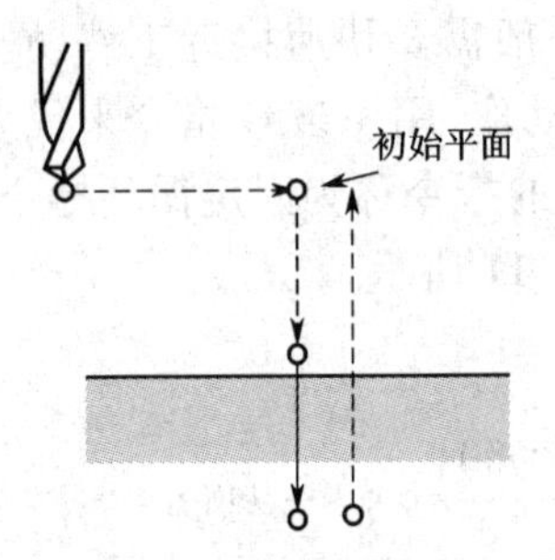

图 2.14 G98 的含义

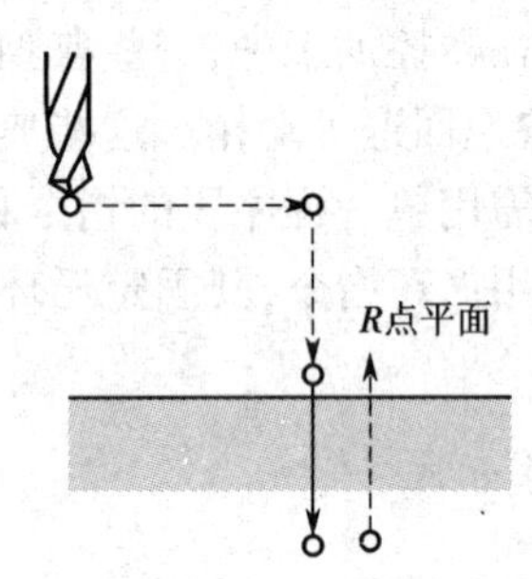

图 2.15 G99 的含义

一般情况,如果被加工的孔在一个平整的平面上,可以使用 G99 指令,因为 G99 模态下返回 R 点进行下一个孔的定位,而一般编程中 R 点非常靠近工件表面,这样可以缩短零件加工时间,但如果工件表面有高于被加工孔的凸台或筋时,使用 G99 时有可能使刀具和工件发生碰撞,这时就应该使用 G98,使 Z 轴返回初始点后再进行下一个孔的定位,这样就比较安全。

使用 G80 或 01 组 G 代码,可以取消固定循环。在 K 中指定重复次数,对等间距孔进行重复钻孔,K 仅在指定的程序段内有效。如果用绝对值方式指定,则在相同位置重复钻孔。如果指定 $K0$,钻孔数据被储存,但不执行钻孔。下面介绍几种常用的固定循环。

1)高速排屑钻孔循环(G73)

该指令执行高速排屑钻孔,它执行间歇切削进给直到孔的底部,同时从孔中排出切屑。

指令格式:G73 X __ Y __ Z __ R __ Q __ F __ K __;

参数含义如下。

X、*Y*:被加工孔位置数据,以绝对值方式或增量值方式指定被加工孔的位置,刀具向被加工孔运动的轨迹和速度与 G00 相同。

Z:在绝对值方式下,指定的是沿 *Z* 轴方向孔底的位置,即孔底坐标;在增量值方式下,指定的是从 *R* 点到孔底的距离。

R:在绝对值方式下,指定的是沿 *Z* 轴方向 *R* 点的位置,即 *R* 点的坐标值;在增量方式下指定从初始点到 *R* 点的距离。

Q:每次切削进给的切削深度。

F:切削进给速度。

K:重复次数(如果需要的话)

刀具路径如图 2.16 所示。

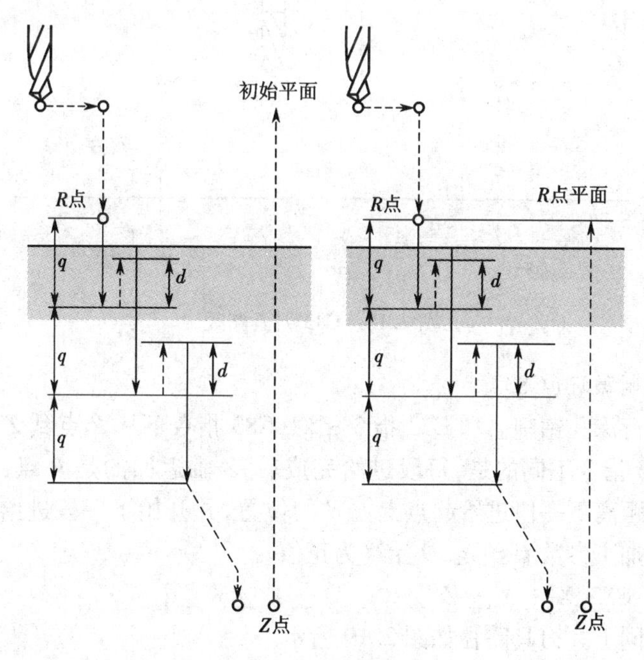

图 2.16　G73 刀具路径

2)钻孔循环、钻中心孔循环(G81)

该循环用于正常钻孔,切削进给执行到孔底,然后刀具从孔底快速移动退回。

指令格式:G81 X __ Y __ Z __ R __ F __ K __;

参数含义同上。刀具路径如图 2.17 所示。

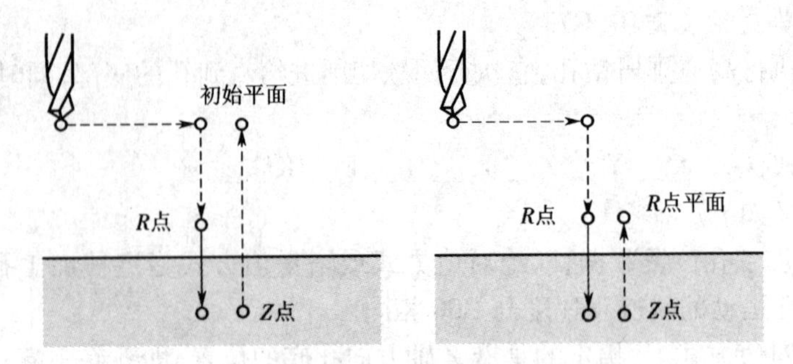

图 2.17　G81 刀具路径

3)钻孔循环、粗镗削循环(G82)

该循环用于正常钻孔,切削进给执行到孔底,执行暂停。然后,刀具从孔底快速移动退回。

指令格式:G82 X __ Y __ Z __ R __ P __ F __ K __;

其中:*P* 为暂停时间,其余参数含义同上。刀具路径如图 2.18 所示。

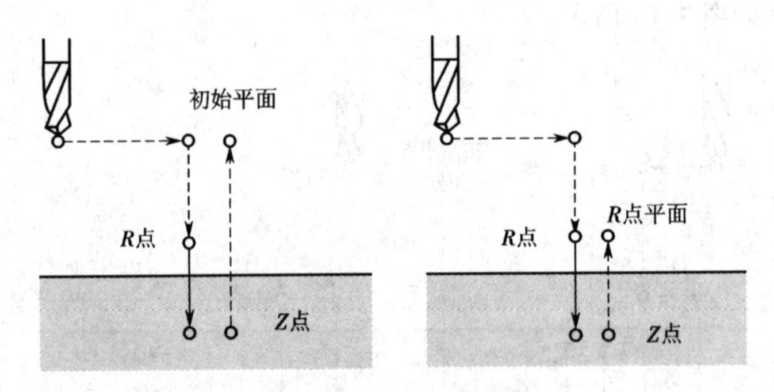

图 2.18　G82 刀具路径

4)深孔钻削循环(G83)

该循环执行深孔钻削。和 G73 指令相似,G83 指令下从 *R* 点到 *Z* 点的进给也分段完成,和 G73 指令不同的是,每段进给完成后,*Z* 轴返回的是 *R* 点,然后以快速进给速率运动到距离下一段进给起点上方 *d* 的位置,并开始下一段进给运动。每段进给的距离由孔加工参数 *Q* 给定,*Q* 始终为正值。

指令格式:G83 X __ Y __ Z __ R __ Q __ F __ K __;

参数含义同上。刀具路径如图 2.19 所示。

5)攻丝循环(G84)

该循环执行攻丝。在这个攻丝循环中,当到达孔底时,主轴以反方向旋转。

指令格式:G84 X __ Y __ Z __ R __ P __ F __ K __;

参数含义同上。

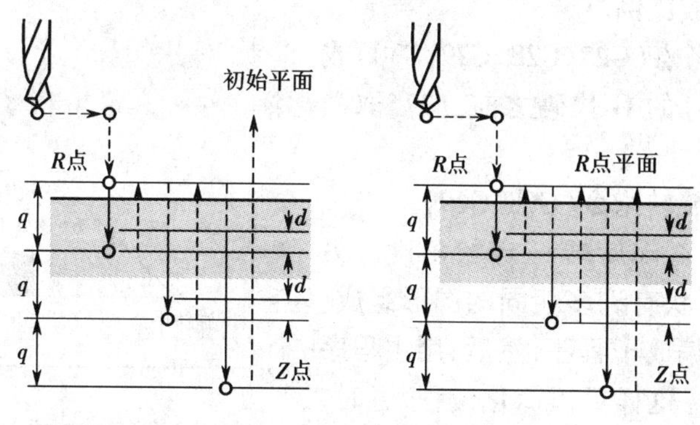

图 2.19 G83 刀具路径

(13)极坐标指令(G15、G16)

终点的坐标可以选用极坐标值(半径和角度)输入。

角度的正向是所选平面的第 1 轴的正向沿逆时针方向转动的转向,而负向则是沿顺时针方向的转向。

半径和角度均可以用绝对值指令或增量值指令(G90、G91)。

指令格式:G90/G91 G16;　　启动极坐标指令(极坐标方式)

X __ Y __;　　极坐标指令

⋮

G15;　　取消极坐标指令

其中:G16 为极坐标指令; *X* 为极坐标半径; *Y* 为极坐标角度; G15 为取消极坐标指令。

(14)比例缩放指令(G50、G51)

编程的图形被放大或缩小(比例缩放)。

用 X __ Y __和 Z __指定的尺寸可以放大或缩小相同或不同的比例。比例可以在程序中指定。除在程序中指定外,还可用参数指定比例。

指令格式如下。

1)沿各轴以相同的比例放大或缩小

G51 X __ Y __ Z __ P __;　　缩放开始

⋮　　缩放有效

G50;　　缩放取消

其中:X __ Y __ Z __为比例缩放中心坐标值的绝对值指令;P __为缩放比例。

2)沿各轴以不同比例放大或缩小(镜像)

G51 X __ Y __ Z __ I __ J __ K __;　　缩放开始

⋮　　缩放有效

G50;　　缩放取消

其中:X __ Y __ Z __为比例缩放中心坐标值的绝对值指令,I __ J __ K __为 *X*、*Y*

和Z轴对应的缩放比例。

指定返回参考点(G27、G28、G29、G30)或坐标系设定(G92)的G代码之前,应当取消比例缩放方式。

(15)坐标系旋转指令(G68、G69)

该指令可将工件旋转一定的角度。另外,如果工件的形状有许多相同的图形组成,则可将图形单元编成子程序,然后,用主程序的旋转指令调用。这样可以简化编程,省时、省存储空间。坐标系旋转如图2.20所示。

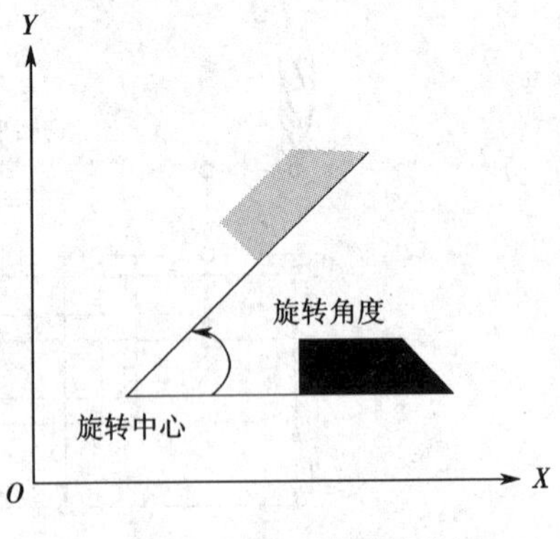

图2.20 坐标系旋转示意图

指令格式:G17/G18/G19 G68 α __ β __ R __

⋮

G69;

其中:G17(G18或G19)为平面选择,在其上包含旋转的图形;α __ β __为与指令的坐标平面(G17、G18、G19)相应的X __ Y __和Z __中的两个轴的绝对指令,在G68后面指定旋转中心;R __为角度位移,正值表示逆时针旋转。

2. 常用辅助功能指令的编程要点

在机床中,M代码分为两类:一类由NC直接执行,用来控制程序的执行;另一类由PMC执行,用来控制主轴、ATC装置和冷却系统等。

用于程序控制的常用M代码,其功能如表2.1所示。

表2.1 常用M代码功能表

指令	功能
M00	程序停止。NC执行到M00时,中断程序的执行,按循环启动按钮可以继续执行程序
M01	条件程序停止。NC执行到M01时,若M01有效开关置为上位,则M01与指令M00有同样效果;若M01有效开关置下位,则M01指令不起任何作用
M02	程序结束。遇到M02指令时,NC认为该程序已经结束,停止程序的运行并发出一个复位信号
M30	程序结束,并返回程序起始处。在程序中,M30除了起到与M02同样的作用外,还使程序返回程序起始处
M98	调用子程序
M99	子程序结束,返回主程序
M03	主轴正转。使用该指令使主轴以当前指定的主轴转速逆时针(CCW)旋转
M04	主轴反转。使用该指令使主轴以当前指定的主轴转速顺时针(CW)旋转
M05	主轴停止
M06	自动刀具交换
M08	冷却开

续表

指　令	功　能
M09	冷却关
M18	主轴定向解除
M19	主轴定向
M29	刚性攻丝

3. F、S、T 功能

①进给功能代码 F:表示进给速度,用字母 F 及其后面的若干位数字来表示,单位为 mm/min(米制)或 inch/min(英制)。例如,米制 F200 表示进给速度为 200 mm/min。

②主轴功能代码 S:表示主轴转速,用字母 S 及其后面的若干位数字来表示,单位为 r/min。例如,S250 表示主轴转速为 250 r/min。

③刀具功能代码 T:表示换刀具功能,在进行多道工序加工时,必须选择合适的刀具。每把刀具应安排一个刀号,刀号在程序中指定。刀具功能用字母 T 及其后面的两位数字来表示,即 T00 ~ T99,因此最多可换 100 把刀具。例如,T06 表示 6 号刀具。

2.1.5　基本量具的使用

【能力目标】

量具的使用是数控加工中必须掌握的基本技能。通过本项目的练习,学生可熟练掌握游标卡尺、千分尺、百分表及万能角度尺的使用方法和实际操作方面的知识。

【知识目标】

①正确掌握游标卡尺的使用方法和使用范围。

②正确掌握各种千分尺的使用方法和使用范围。

③灵活运用百分表进行内孔孔径的测量。

④熟练使用万能角度尺进行各种角度的测量。

【实训内容】

1. 游标卡尺的使用

游标卡尺是机械加工中应用最多的通用量具,具有结构简单、使用方便、精度中等和测量的尺寸范围大等特点,可以用它来测量零件的外径、内径、长度、宽度、厚度、深度和孔距等,应用范围很广,其精度分为 0.02 mm 和 0.05 mm 两个等级。

(1)游标卡尺的组成

图 2.21 所示为游标卡尺结构图,下量爪用来测量工件外径或长度尺寸,上量爪用来测量工件孔径或槽宽,尺身与游标用来进行数据的阅读,旋松螺钉用于进行游标内外量爪开挡大小的微量调节,深度尺用来测量工件的深度或台阶高度。

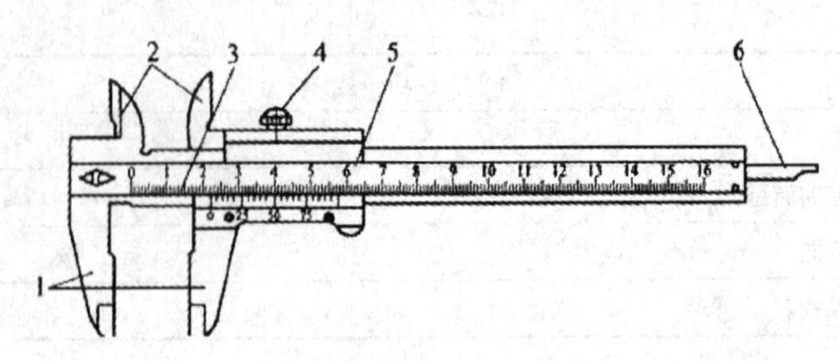

图 2.21　游标卡尺结构图

1—下量爪;2—上量爪;3—尺身;4—旋松螺钉;5—游标;6—深度尺

(2)游标卡尺读数

读数前应先明确所用游标卡尺的读数精度。读数时,先读出游标零线左边在尺身上的整数毫米数,接着在游标上找到与尺身刻线对齐的刻度,并读出小数值,然后再将所读两数相加。

如图 2.22 所示,精度为 0.02 mm 的游标卡尺,尺身上的整数值为 60 mm,游标卡尺上的小数值为 0.48 mm,此时实际测量值为:69 mm + 0.48 mm = 60.48 mm。

(3)游标卡尺的使用

1)外圆测量

将车床主轴置于中立位置,擦干净工件的测量部位,握住游标卡尺,左手握住尺身的量爪,右手握住游标,夹住需要测量的部位,与测量面成 90°角度读取刻度值,垂直方向看刻度面,在夹住的状态下读取刻度值,如图 2.23 所示。

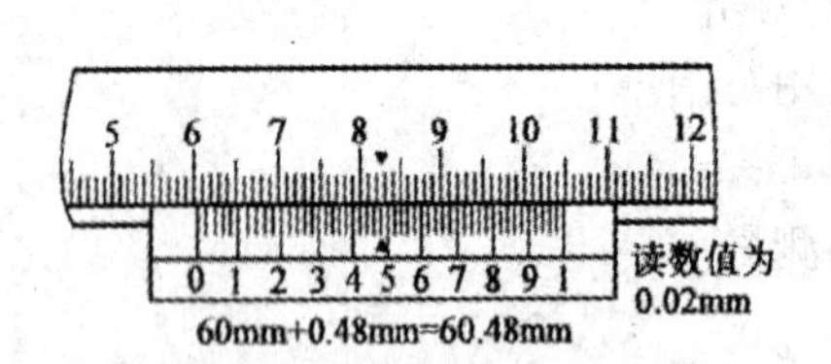

图 2.22　游标卡尺刻度盘

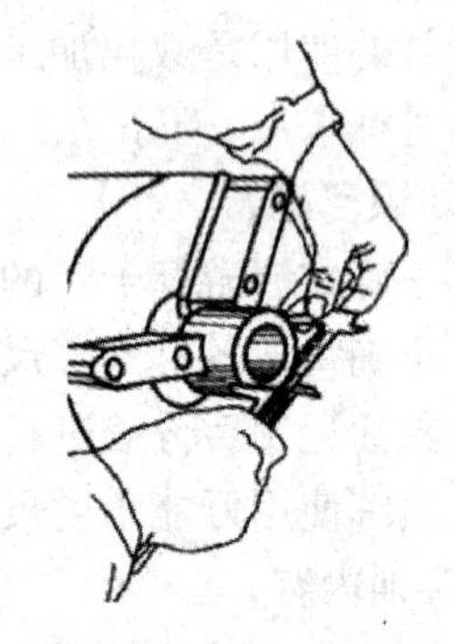

图 2.23　卡尺测量方法

2)长度、孔径、孔深测量

图 2.24(a)所示为游标卡尺的长度测量,卡尺两测量面的连线应垂直于被测量表面,不能歪斜,测量时可以轻轻摇动卡尺,放置垂直位置。图 2.24(b)所示为游标卡尺的深度测量。图 2.24(c)所示为游标卡尺的孔径测量,测量时要使量爪分开的距离小于所测孔径尺寸,进入零件内孔后,再慢慢张开并轻轻接触零件内表面,用固定螺钉固定尺框后,轻轻取出卡尺来读数。

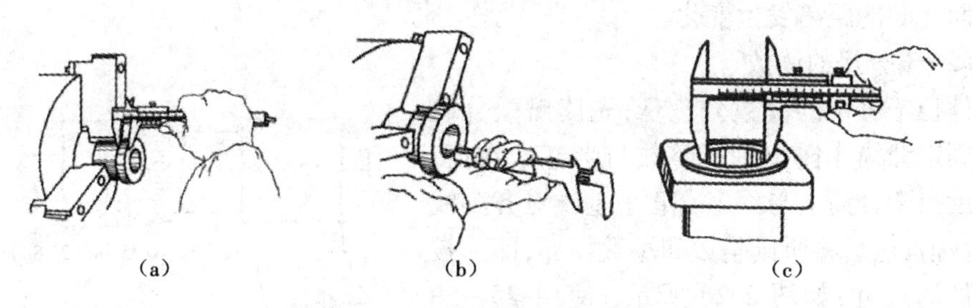

图 2.24　长度、孔径、孔深测量

(a)长度测量；(b)深度测量；(c)孔径测量

2. 千分尺的使用

千分尺是应用螺旋测微原理制成的量具，它们的测量精度比游标卡尺高，并且测量比较灵活，因此当加工精度要求较高时多被应用。常用的螺旋读数量具有内径千分尺和外径千分尺。千分尺的精度为 0.01 mm。

(1)千分尺的组成

如图 2.25 所示，带有刻度的固定刻度套筒 5 用螺钉固定在螺纹轴套 4 上，而螺纹轴套又与尺架紧配结合成一体。在固定套筒 5 的外面有一带刻度的活动微分筒 6，它用锥孔通过接头 8 的外圆锥面再与测微螺杆 3 相连。测微螺杆 3 的一端是测量杆，并与螺纹轴套上的内孔定心间隙配合；中间是精度很高的外螺纹，与螺纹轴套 4 上的内螺纹精密配合，可使测微螺杆自如旋转而其间隙极小；测微螺杆另一端的外圆锥与内圆锥接头 8 的内圆锥相配，并通过顶端的内螺纹与测力装置 10 连接。当测力装置的外螺纹旋紧在测微螺杆的内螺纹上时，测力装置就通过垫片 9 紧压接头 8，而接头 8 上开有轴向槽，有一定的胀缩弹性，能沿着测微螺杆 3 上的外圆锥胀大，从而使微分筒 6 与测微螺杆和测力装置结合成一体。当用手旋转测力装置 10 时，就带动测微螺杆 3 和微分筒 6 一起旋转，并沿着精密螺纹的螺旋线方向运动，使千分尺两个

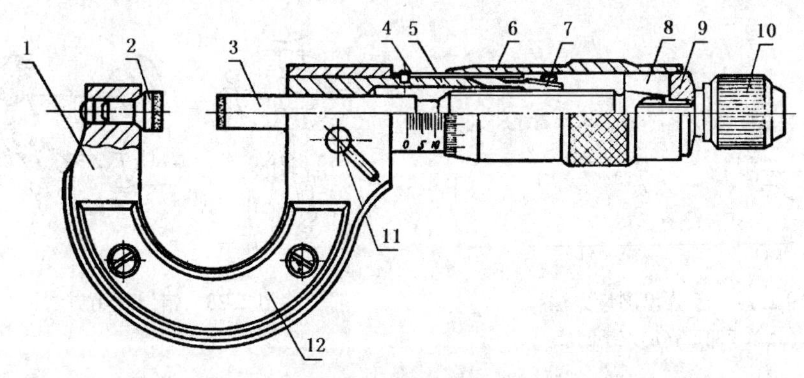

图 2.25　千分尺结构图

1—尺架；2—固定测砧；3—测微螺杆；4—螺纹轴套；5—固定刻度套筒；6—微分筒；
7—调节螺母；8—接头；9—垫片；10—测力装置；11—锁紧螺钉；12—绝热板

测量面之间的距离发生变化。

(2)千分尺的读数

外径千分尺的读数分三步:先读出微分筒左边固定套筒中露出刻线整数与半毫米数值,接着读出微分筒上与固定套管上基线对齐刻线的小数值,然后将所读整数和小数相加,即为被测零件的尺寸,如图 2.26 所示, 使用 25 ~ 50 mm 的外径千分尺固定套筒上的刻线读数值为 32.5 mm,微分筒上的刻线读数值为 0.35 mm,此时实际测量值为:32.5 mm + 0.35 mm = 32.85 mm。

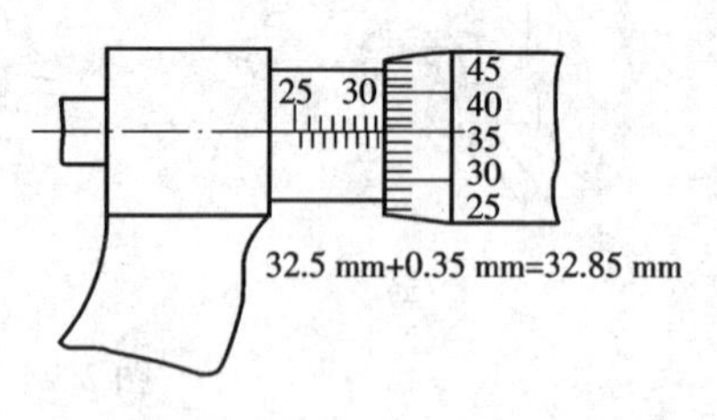

图 2.26　千分尺刻度盘

(3)千分尺的使用

用千分尺测量零件时,应当手握测力装置的转帽来转动测微螺杆,使测量表面保持标准的测量压力即听到"嘎嘎"的声音,表示压力合适,并可开始读数。要避免因测量压力不等而产生测量误差。

绝对不允许用力旋转微分筒来增加测量压力,使测微螺杆过分压紧零件表面,致使精密螺纹因受力过大而发生变形,损坏千分尺的精度。有时用力旋转微分筒后,虽因微分筒与测微螺杆间的连接不牢固,对精密螺纹的损坏不严重,但是微分筒打滑后,千分尺的零位走动了,就会造成质量事故。

用单手使用外径千分尺时,如图 2.27(a)所示,可用大拇指和食指或中指捏住活动套筒,小指勾住尺架并压向手掌上,大拇指和食指转动测力装置就可测量。

用双手测量时,可按图 2.27(b)所示的方法进行。

值得提出的是几种使用千分尺的错误方法(如图 2.28 所示)。例如,用千分尺测量旋转运动中的工件,很容易使千分尺磨损,而且测量也不准确;又如贪图快一点得出读数,握着微分筒来回转等,这同碰撞一样,也会破坏千分尺的内部结构。

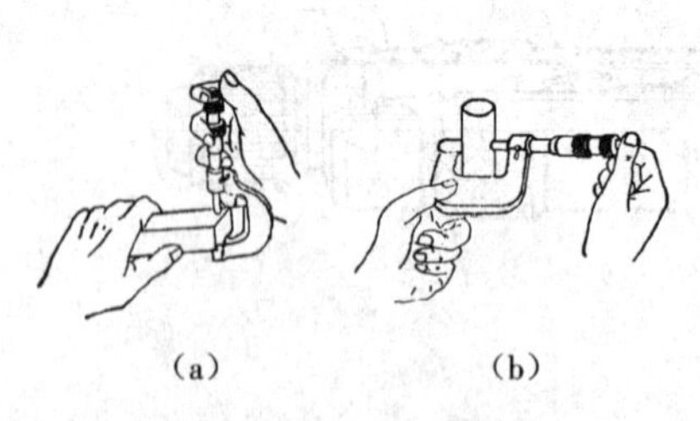

图 2.27　千分尺测量方法

(a)单手测量;(b)双手测量

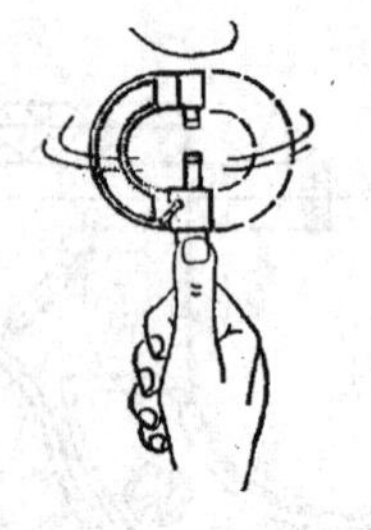
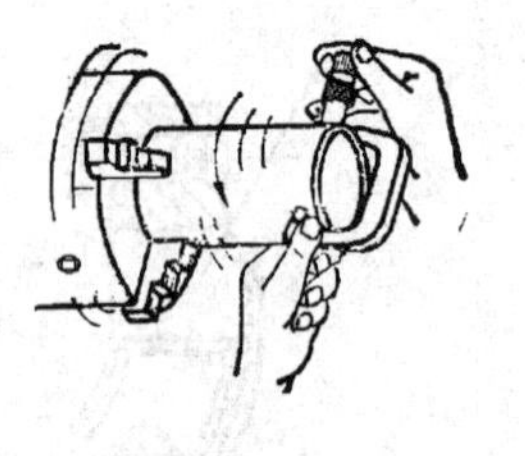

图 2.28　错误使用方法

3. 内径百分表的使用

内径百分表是内量杠杆式测量架和百分表的组合,如图 2.29 所示,用以测量或检验零件的内孔、深孔直径及其形状精度。

组合时,将百分表装入连杆内,使小指针指在 0 ~ 1 的位置上,长针和连杆轴线重合,刻度盘上的字应垂直向下,以便于测量时观察。装好后应予紧固。

粗加工时,最好先用游标卡尺或内卡钳测量。因内径百分表同其他精密量具一样属贵重仪器,其好坏与是否精确直接影响到工件的加工精度及其使用寿命。粗加工时工件加工表面粗糙不平而测量不准确,也使测头易磨损。因此,需加以爱护和保养,精加工时再进行测量。

测量前应根据被测孔径大小用外径百分尺调整好尺寸后才能使用,如图 2. 30 所示。在调整尺寸时,正确选用可换测头的长度及其伸出距离,应使被测尺寸在活动测头总移动量的中间位置。

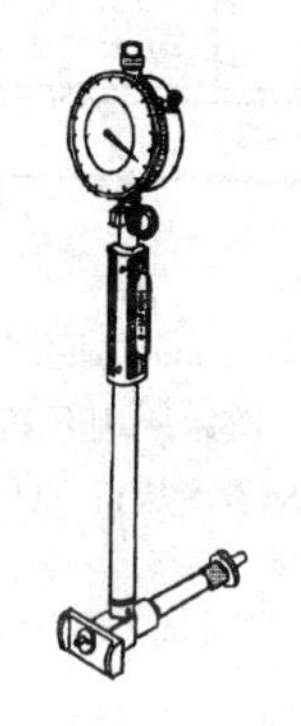

图 2. 29　内径百分表

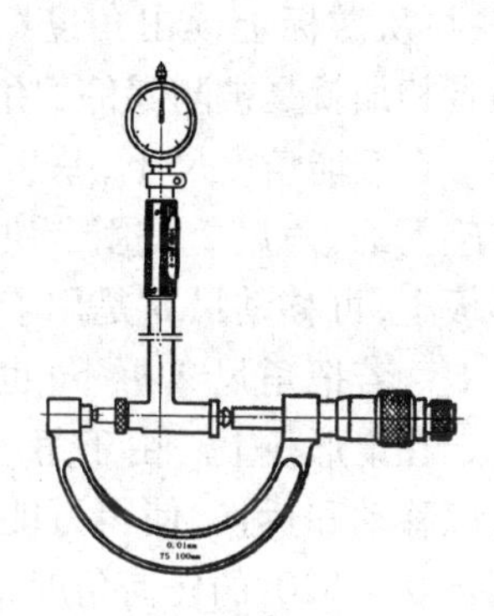

图 2. 30　千分尺调整尺寸

测量时,连杆中心线应与工件中心线平行,不得歪斜,同时应在圆周上多测几个点,找出孔径的实际尺寸,看是否在公差范围以内(如图 2. 31 所示)。

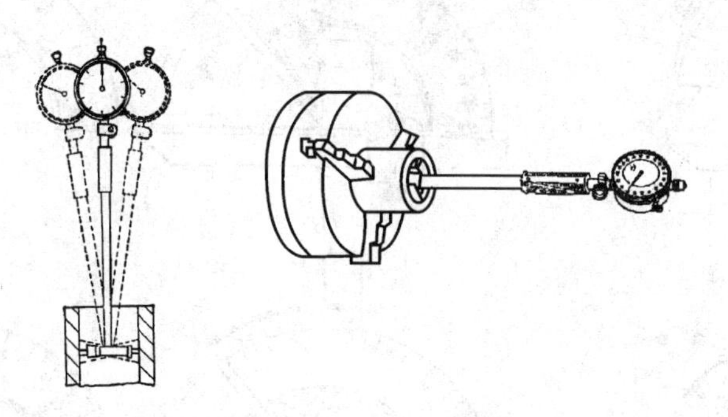

图 2. 31　内径百分表的使用方法

4. 万能角度尺的使用

万能角度尺是用来测量精密零件内外角度或进行角度划线的角度量具,它有游标量角器、万能角度尺等几种。

万能角度尺的读数机构如图 2. 32 所示,是由刻有基本角度刻线的尺座 1 和固定在扇形板 6 上的游标 3 组成。扇形板可在尺座上回转移动(有制动器 5),形成了和游标卡尺相似的游标读数机构。

万能角度尺尺座上的刻度线每格1°。由于游标上刻有30格，所占的总角度为29°，因此两者每格刻线的度数差是 $1° - \frac{29°}{30} = \frac{1°}{30} = 2'$，即万能角度尺的精度为2′。

万能角度尺的读数方法和游标卡尺相同，先读出游标零线前的角度是几度，再从游标上读出角度"分"的数值，两者相加就是被测零件的角度数值。

在万能角度尺上，基尺4是固定在尺座上的，角尺2是用卡块7固定在扇形板上，可移动尺8是用卡块固定在角尺上。若把角尺2拆下，也可把直尺8固定在扇形板上。由于角尺2和直尺8可以移动和拆换，使得万能角度尺可以测量0°～320°的任何角度，如图2.33所示。

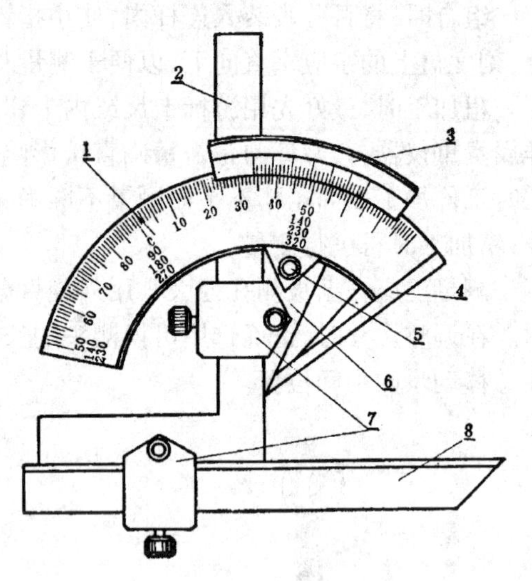

图2.32　万能角度尺

1. 主尺；2. 角尺；3. 游标；4. 基尺；5. 制动器；6. 扇形板；7. 卡块；8. 直尺

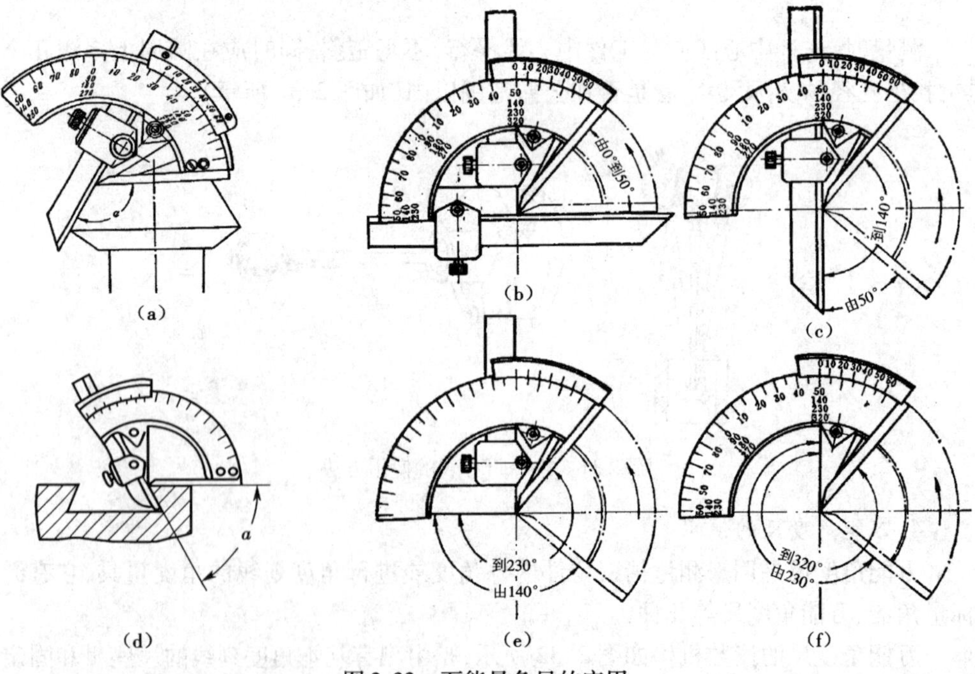

图2.33　万能量角尺的应用

(a)0°～50°；(b)50°～140°；(c)140°～230°；(d)230°～320°；(e)外角测量；(f)内角测量

由图 2.33 可见：角尺和直尺全装上时，可测量 0°～50°的外角度；仅装上直尺时，可测量 50°～140°的角度；仅装上角尺时，可测量 140°～230°的角度；把角尺和直尺全拆下时，可测量 230°～320°的角度（即可测量 40°～130°的内角度）。

万能量角尺的尺座上，基本角度的刻线只有 0°～90°，如果测量的零件角度大于 90°，则在读数时应加上一个基数（90°，180°，270°）。当零件角度为（>90°）～180°时，被测角度 =90° + 量角尺读数；当零件角度为（>180°）～270°时，被测角度 =180° + 量角尺读数；当零件角度为（>270°）～320°时，被测角度 =270° + 量角尺读数。

用万能角度尺测量零件角度时，应使基尺与零件角度的母线方向一致，且零件应与量角尺的两个测量面的全长上接触良好，以免产生测量误差。

2.1.6　数控铣床、加工中心日常维护与保养

数控铣、加工中心是集机、电、液于一体，自动化程度高、结构复杂且价格高昂的先进设备，为充分发挥其效益，必须做好日常性的维护和保养工作，使数控系统少出故障，即设法提高系统的平均无故障时间。主要的维护和保养工作有以下内容。

①数控铣和加工中心操作人员应熟悉所用设备的机械、数控装置、液压、气动部分以及规定的使用环境（加工条件）等，并要严格按机床及数控系统使用说明手册的要求正确合理地使用，尽量避免因操作不当引起故障。例如，操作人员必须了解机床的行程大小、主轴的转速范围、主轴驱动电机的功率、工作台面大小、工作台承载能力大小、机动进给时的速度、ATC 所允许最大刀具尺寸、最大刀具质量等。

②在操作前必须确认主轴润滑油和导轨润滑油是否符合要求。如果润滑油不足，应按要求的牌号、型号加注适当的润滑油。同时，要确认气压压力是否正常。

③空气过滤器的清扫。如果数控装置的空气过滤器灰尘积累过多，会使柜内冷却空气流通不畅，从而引起柜内温度过高使得系统不能可靠工作。因此，应根据周围环境状况，定期检查清扫。电器柜内电路板和电器件上有灰尘、油污时，也应及时清扫。

④定期检查电器部件。检查插头、插座、电缆、继电器的触点是否出现接触不良、短线和短路等故障。

⑤定期更换存储器电池。零件程序、偏置数据和系统参数存在控制单元的 CMOS 存储器中，分离型绝对脉冲编码器的当前位置信息等内容在关机时靠电池供电保持，当电池电压降到一定值时，可能会造成参数丢失。因此，要定期检查电池电压。更换电池时一定要在数控系统通电状态下进行。

⑥长期不用的数控机床的保养。在数控系统长期闲置不用时，应经常给数控系统通电，在机床锁住的情况下使其空运行。在空气湿度较大的梅雨季节应该天天通电，利用电器元件本身发热驱走数控柜内的潮气，以保证电子元器件的性能稳定可靠。

⑦数控铣、加工中心要定期检查，具体检查周期、项目及检查要求如表 2.2 所示。

表 2.2 机床检查要求

周 期	检查项目	检查要求
每天	导轨润滑油箱	检查油量,及时添加润滑油,润滑油泵是否定时启动打油及停止
每天	主轴润滑系统	工作是否正常,油量是否充足,油温是否合适
每天	机床液压系统	工作油面高度是否合适,压力表指示是否正常,管路及各接头有无泄漏,过滤器是否清洁等
每天	气压系统	气动控制系统压力是否在正常范围之内
每天	各防护装置	机床防护罩是否齐全有效
每天	电气柜散热通风装置	各电气柜中的冷却风扇是否工作正常、风道过滤网有无堵塞,及时清理过滤器
每周	机床移动部件	清除铁屑及外部杂物,检查机床各移动部件运动是否正常
每月	电源电压	测量电源电压是否正常,并及时调整
每季度	机床精度	按手册中的要求,检查机床精度、机床水平,并及时调整
每半年	液压系统	清洗溢流阀、减压阀、滤油器、油箱,更换新油
每半年	主轴润滑系统	清洗过滤器、油箱,更换润滑油
每半年	冷却液压油泵过滤器	清洗冷却油池,更换过滤器
每半年	滚珠丝杠	清洗丝杠上的旧润滑脂,涂上新油脂

任务 2.2 数控铣床基本操作实训

数控铣床、加工中心基本操作是数控铣削实训课程的重要实训内容,也是数控铣削加工的基础,学习数控铣床、加工中心基本操作也是数控铣削技术的切入点。本部分实训项目以北京第一机床股份有限公司生产的 XK714B 数控铣床、沈阳第一机床厂生产的 VM850 立式加工中心和 FANUC 0I MC 数控系统为例,通过数控铣床和加工中心面板基本操作、程序编辑操作、建立工件坐标系及宇龙数控仿真软件的操作等内容使学生掌握数控铣床、加工中心的基本操作,并能熟练运用宇龙数控仿真软件,为数控铣削加工项目的进行奠定基础。

2.2.1 FANUC 数控铣、加工中心机床操作面板实训

【能力目标】

通过本项目的实训,学生可学会数控铣床、加工中心的手动、手轮、回零、MDI、自动等面板的操作,明确机床操作面板上各个按键的具体含义及位置,以便能够熟练操作数控铣床,并举一反三,与其他厂家所生产的数控设备进行对比,增强各种厂家数控铣床及加工中心操作的适应性。

【知识目标】

①明确 XK714B 数控铣床操作面板各个键的功能。

②明确 VM850 数控加工中心操作面板各个键的功能。

③掌握 XK714B 数控铣床操作面板各个键的具体使用方法。

④掌握 VM850 数控加工中心操作面板各个键的具体使用方法。

【实训内容】

生产厂家不同,机床功能也不同,操作面板的按键形式和排列各不相同。图 2. 34为北京第一机床厂生产的 XK714B 数控铣机床操作面板,图 2. 35 为沈阳第一机床厂生产的 VM850 加工中心机床操作面板。

图 2. 34　数控铣床操作面板

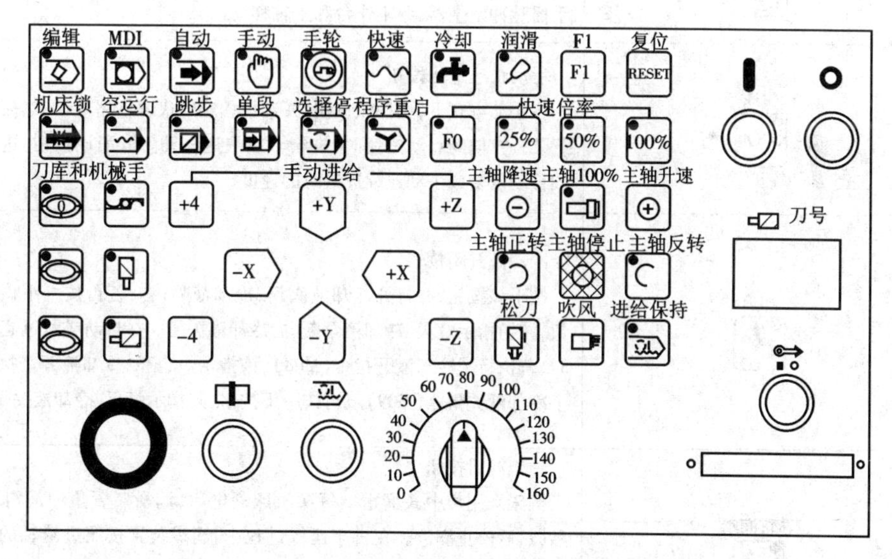

图 2. 35　加工中心操作面板示意

虽然按键的排列和样式有所差别,但其功能是一样的。下面以沈阳第一机床厂生产的 VM850 操作面板为例,简要介绍各按键及旋钮的功能。各按键及旋钮的功能如表 2. 3 所示。

表2.3 机床操作面板各按键及旋钮功能表

按键及旋钮	功能
编辑	编辑方式(EDIT)按钮 按下该键和MDI键盘中的PROG键后,可以对工件加工程序进行输入、修改、删除、查询、呼叫等
MDI	手动数据输入方式(MDI)按钮 按下该键和MDI键盘中的PROG键后,可以输入一段较短的程序,然后,通过按循环启动按钮开始执行,执行完成后,程序消失
自动	自动运行方式(MEM)按钮 该方式是按照程序的指令控制机床连续自动加工的操作方式。自动操作方式所执行的程序在循环启动前已输入数控系统的存储器内,所以这种方式又称存储器运行方式
手动	手动操作方式(JOG)按钮 在此方式下,按住手动进给的方向按钮,能将工作台和主轴向所希望的方向目标位置移动。松开按钮,移动即停止。进给轴移动速率由进给倍率开关的位置决定
手轮	手摇脉冲进给方式(HANDLE)按钮 在这种方式下,选择相应的手轮轴及手摇倍率,操作者可以转动手摇脉冲发生器,令工作台和主轴移动
快速	手动快速进给按钮 在手动方式下,选择该按钮,并选择相应的快速倍率按钮,然后按下某一方向的点动按钮时,进给轴以快速移动。取消该按钮,进给轴移动恢复成手动连续进给时的速度
冷却启动	冷却液开闭按钮 按下该按钮,并打开冷却液阀门,冷却液喷出。若再按一下该按钮,按钮指示灯灭,冷却液泵断电,冷却液关闭。在自动或MDI运行时,若执行了冷却液开指令(M08),该指示灯也亮,冷却液开。执行了冷却液关指令(M09)或再按一下按钮,则指示灯灭,冷却液关闭
导轨润滑	导轨润滑按钮 机床采用集中式润滑。每次机床通电后,润滑装置集中润滑30秒,然后停止润滑。在机床运行过程中,润滑装置按照进给轴的累计行程间隔润滑,每次润滑时间为5s。操作者也可以通过操作面板上的手动润滑按钮启动润滑装置。按下此按钮,润滑启动,指示灯亮;松开此按钮,停止润滑,指示灯灭

续表

按键及旋钮	功　能
机床锁住 	机床锁住按钮 按下该按钮，指示灯亮，机床锁住功能有效。再按一次该按钮，指示灯灭，机床锁住功能解除。在机床锁住功能有效期间，各伺服轴移动操作都只能使位置显示值变化，而机床各伺服轴位置不变。但主轴、冷却、刀架等其他功能照常
空运行 	空运行按钮 试运行操作也称空运行，是在不切削的条件下试验、检查输入的工件加工程序的操作。为了缩短调试时间，在试运行期间的进给倍率被系统强制在最大值上。按下该按钮，指示灯亮，试运行操作开始执行，再次按下该按钮，结束试运行状态
跳步 	程序跳步按钮 按下该按钮，指示灯亮，程序段跳过功能有效。再按一下该按钮，指示灯灭，程序段跳过功能无效 在自动操作方式下，在程序段跳过功能有效期间，凡是在程序段号 N 前冠以“/”符号的程序段，全部跳过不予执行。在程序段跳过功能无效期间，所有程序段全部照常执行
单段 	单程序段按钮 在自动方式下，按一下该按钮，指示灯亮，单程序段功能有效。再按一下该按钮，指示灯灭，单程序段功能撤销。在程序连续运行期间允许切换单程序段功能 在自动操作方式下单程序段功能有效期间，每按一次循环启动按钮，仅执行一段程序，执行完就停止，必须再按下循环启动按钮才能执行下一段程序
程序选择停 	程序选择停按钮 该按钮与程序中的 M01 指令配合使用，在程序执行到 M01 指令时，且该按钮被按下，指示灯亮，则程序停止；否则程序继续执行
程序启动 	程序重启动按钮 在程序重启动功能有效期间，中断的程序可以从指定顺序号的程序段重新启动运行
刀库和机械手 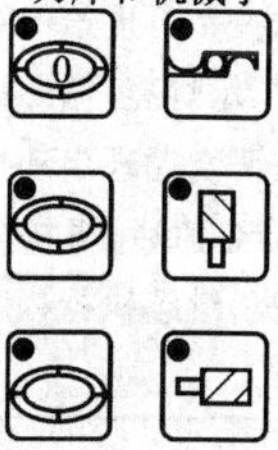	刀库和机械手手动按钮 在手动状态下，按键使刀库回零；按键使刀库正转；按键使刀库反转；按键使机械手转动；按键使刀套竖直；按键使刀套水平

续表

按键及旋钮	功　能
+4　−4 −X　+X +Y　−Y +Z　−Z	手动按钮 在手动方式下,按键+4和−4可使第四轴按正反方向转动;按键+X和−X可使工作台沿 X 轴方向左、右移动;按键+Y和−Y可使工作台沿 Y 轴方向前、后移动;按键+Z和−Z可使主轴沿 Z 方向上、下移动
主轴降速　主轴100% 主轴升速	主轴变速按钮 在自动方式下,用主轴升速按钮⊕和主轴降速按钮⊖,可在允许范围内随意改变主轴速度,每按一下主轴升/降速按钮,主轴速度增加/减少一个增量值。按下主轴100%按钮,其指示灯亮,主轴倍率变为100%
主轴正转 主轴停止 主轴反转	主轴操作按钮 在手动操作时,按下主轴正转按钮,按钮指示灯亮,主轴正转。按下主轴反转按钮,指示灯亮,主轴反转。按下主轴停止按钮,主轴正反转指示灯都灭,主轴停止转动。手动时,主轴转速为存储器内当前的S值。 在自动或MDI方式下,执行主轴正转指令(M03)后,主轴正转的指示灯亮,主轴正转。执行反转指令(M04),主轴反转的指示灯亮,主轴反转。如果执行了主轴停止指令(M05),正转或反转的指示灯全灭,主轴停止
松刀	主轴松刀、拉刀按钮 手动方式下,在主轴停止状态下按动该按钮,可以实现主轴上刀具的拉紧与松开,实现手动换刀
吹风	工件吹风按钮 按下工件吹风按钮,工件吹风阀门打开,压缩空气吹出。若再按一下此按钮,工件吹风阀门关闭,压缩空气停止
进给保持	进给保持Ⅱ按钮 在循环启动后,机床处于正常加工状态,按一下进给保持Ⅱ按钮,首先暂停执行程序,进给保持Ⅱ控制按钮指示灯亮,循环指示灯灭,旋转中主轴延时停止,若要恢复加工,应按两次循环启动按钮,按第一下,主轴按原方向恢复旋转,转速到达指令值后,再按第二下,进给保持Ⅱ控制按钮指示灯灭,循环启动灯亮,继续执行程序,机床处于正常自动加工状态

续表

按键及旋钮	功　能
	循环启动按钮 在自动操作方式和手动数据输入方式(MDI)下,都用它启动程序,在程序执行期间,其指示灯亮
	进给保持按钮 在自动操作方式和手动数据输入方式(MDI)下,在程序执行期间,按下此按钮,指示灯亮,执行中的程序暂停。再按下循环启动按钮后,进给保持按钮指示灯灭,程序继续执行
0 10 20 30 40 50 60 70 80 90 100 110 120 130 140 150 160	进给倍率旋钮 在自动加工方式下,可通过此旋钮来调节进给速度的大小
	系统电源开关按钮 按下按钮,数控系统启动,数秒钟后显示屏亮,显示有关位置和指令信息,此时机床通电完成。按下按钮,数控系统即刻断电
	程序保护锁 将该锁的钥匙旋到 ON 位置,可对程序进行输入、修改、删除等操作。将该锁钥匙旋到 OFF 位置,无法对程序进行输入、修改、删除等操作
	紧急停止按钮 在自动加工过程中,如果发生危险情况立即按下该按钮,机床的全部动作停止,该按钮并能自锁。当险情或故障排除后,将该按钮顺时针旋转一个角度即可以复位弹开

2.2.2　FANUC 数控铣床、加工中心程序编辑实训

【能力目标】

通过本项目的实训,学生可掌握数控铣床及加工中心程序的建立、编辑、修改、删除等基本的操作方法,并通过实际的操作熟练运用键盘区的各个按键,了解各个功能按键的作用及含义。

【知识目标】

①明确 XK714B 数控铣床各个功能键的含义及作用。

②明确 VM850 加工中心各个功能键的含义及作用。

③掌握 XK714B 数控铣床程序的编辑方法。

④掌握 VM850 加工中心程序的编辑方法。

【实训内容】

操作面板由 NC 系统生产厂商 FANUC 公司提供,其中 CRT 是阴极射线管显示器的英文缩写(Cathode Radiation Tube),而 MDI 是手动数据输入的英文缩写(Manual Date Input)。本书选用的是 9″单色 CRT、全键式的操作面板或标准键盘的操作面板。

1. 键盘的分类

根据键的功能不同,MDI 键盘可分为以下几部分。

(1)软键

该部分位于 CRT 显示屏的下方,除了左、右两个箭头键外,键面上没有任何标识。这是因为各键的功能都被显示在 CRT 显示屏下方的对应位置,并随着 CRT 显示的页面不同而有着不同的功能,这就是该部分被称为软键的原因。

(2)系统操作键

这一组有两个键,分别为右下角 RESET 键和 INPUT 键。其中的 RESET 为复位键,INPUT 为输入键。

(3)数据输入键

该部分包括了机床能够使用的所有字符和数字。所有的字符键都具有两个功能,较大的字符为该键的第一功能,即按下该键可以直接输入该字符,较小的字符为该键的第二功能,要输入该字符须先按 SHIFT 键然后再按该键。例如,键“6/SP”中“SP”是“空格”的英文缩写(Space),该键的第二功能是空格。

(4)光标移动键

在 MDI 面板的下方,标有上、下、左、右箭头的键为光标的前、后、左、右移动键,标有“PAGE”的上、下箭头键为换页键。

(5)编辑键

这一组有三个键:ALTER、INSERT 和 DELETE,位于 MDI 面板的右下方。这三个键为编辑键,用于编辑加工程序。

(6)NC 功能键

该组的 6 个键(标准键盘)或 8 个键(全键式)用于切换 NC 显示的页面以实现不同的功能。

(7)电源开关按钮

机床的电源开关按钮位于 CRT/MDI 面板左侧,标有红色“OFF”或标有“断”,标有绿色“ON”或标有“开”,用于机床系统的关闭和启动。

2. MDI 键盘功能说明

图 2.36 所示为 FANUC 0I 系统的 MDI 键盘和 CRT 界面。MDI 键盘用于程序编辑、参数输入等功能,功能划分如图 2.37 所示。MDI 键盘上各个键的功能如表 2.4 所示。

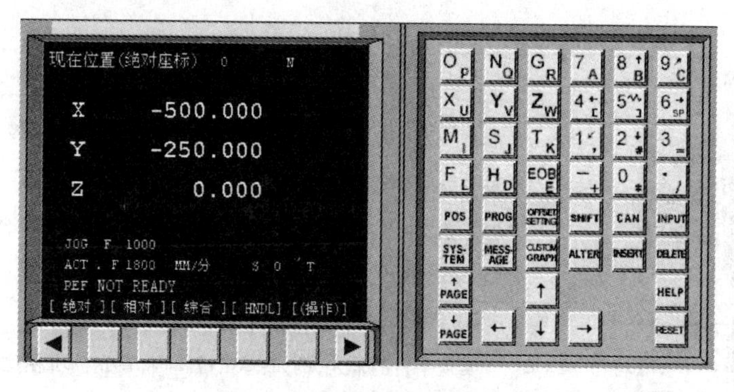

图 2.36　数控铣床操作面板

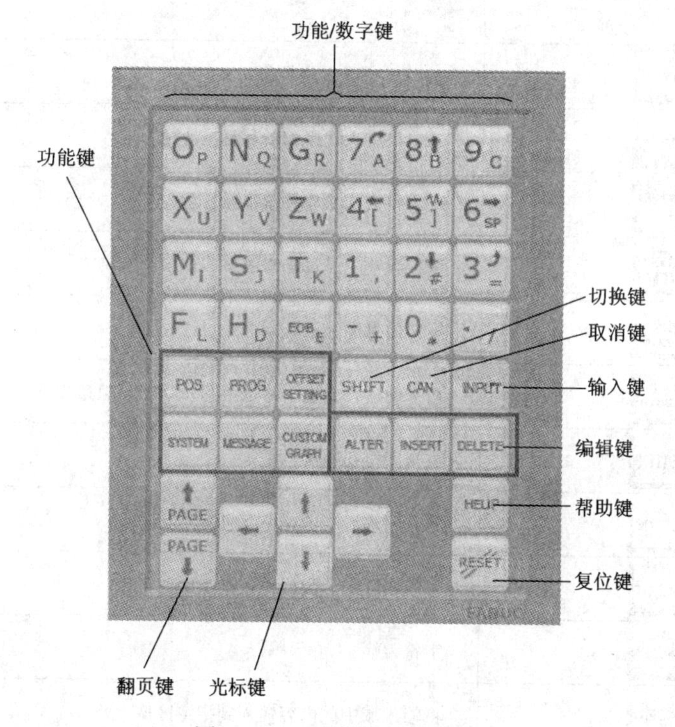

图 2.37　MDI 键盘功能划分

表 2.4　MDI 键盘各键的功能表

MDI 键	功　能
↑PAGE　↓PAGE	键↑PAGE实现左侧 CRT 中显示内容的向上翻页；键↓PAGE实现左侧 CRT 显示内容的向下翻页
↑ ← ↓ →	移动 CRT 中的光标位置。键↑实现光标的向上移动；键↓实现光标的向下移动；键←实现光标的向左移动；键→实现光标的向右移动

续表

MDI键	功能
O P N Q G R X U Y V Z W M I S J T K F L H D EOB E	实现字符的输入，单击SHFT键后再单击字符键，将输入右下角的字符。例如：单击O P将在CRT的光标所处位置输入"O"字符，单击键SHFT后再单击O P将在光标所处位置处输入P字符；键EOB E中的"EOB"将输入"；"号，表示换行结束
7 A 8 B 9 C 4 [5] 6 SP 1 , 2 # 3 = - + 0 * . /	实现字符的输入，例如：单击键5]将在光标所在位置输入"5"字符；单击键SHFT后，再单击5]将在光标所在位置处输入"]"
POS	在CRT中显示坐标值
PROG	CRT将进入程序编辑和显示界面
OFFSET SETTNG	CRT将进入参数补偿显示界面
SYS-TEM	系统参数的设置与修改
MESS-AGE	报警信息的显示
CUSTOM GRAPH	在自动运行状态下将数控显示切换至轨迹模式
SHFT	输入字符切换键
CAN	删除输入域中的单个字符
INPUT	将数据域中的数据输入到指定的区域
ALTER	字符替换
INSERT	将输入域中的内容输入到指定区域
DELETE	删除一段字符
HELP	帮助信息
RESET	机床复位

2.2.3　FANUC 数控铣、加工中心操作实训

【能力目标】

通过本项目的实训,学生可掌握数控铣床和加工中心的基本操作方法,并通过实际操作熟练运用机床控制面板的各个按键,了解各个功能按键的作用及含义,最终达到熟练使用数控设备的目的。

【知识目标】

①明确 XK714B 数控铣床操作面板按键的含义及作用。

②明确 VM850 加工中心操作面板按键的含义及作用。

③熟练使用数控铣床进行相应的操作。

④熟练使用加工中心进行相应的操作。

【实训内容】

1. 电源通/断

(1)系统通电步骤

①在通电之前,首先检查机床的外观是否正常。

②如果正常,先将总电源合上。

③再将机床上的电源开关旋至 ON 的位置。

④按下机床操作面板上的绿色按钮,数控系统启动,数秒钟后显示屏亮,显示有关位置和指令信息。此时机床通电完成。

(2) 系统断电步骤

①在加工结束之后,按下红色按钮,数控系统即刻断电。

②将机床的电源开关旋至 OFF 处。

③断开总电源开关即可。

2. 手动操作

(1)回零

采用增量式测量的数控机床开机后,都必须进行回零操作,即返回参考点操作。通过该操作建立起机床坐标系。采用绝对测量方式的数控机床开机后,不必进行回零操作。

首先检查各轴坐标读数,确保各轴离机械原点 100 mm 以上,否则不能进行原点回归,系统出现报警。如果距离不够,则需要在手动模式下移动机床各轴,使得满足以上要求。回零步骤如下。

①按下回零按钮 PROG。

②按下 *Z* 向移动按钮 Z。

③按下手动正向进给按钮 + 。

④分别按下 OFFSET SETTING Y 和相应的手动正向按钮 + 。

⑤当机床原点指示灯 X原点灯 Y原点灯 Z原点灯 亮后，表示回零成功。

(2)手动连续进给

在手动操作模式下，持续按下操作面板上的进给轴及其方向选择按钮 +X -X +Y -Y +Z -Z，会使刀具沿着所选方向连续移动。此时按下快速按钮，同时按下快速倍率按钮 F0 25% 50% 100% 中的任意键，则各轴以相应的倍率快速移动。

(3)手轮进给

在手轮进给方式中，刀具或工作台可以通过旋转手摇脉冲发生器微量移动。使用手轮进给轴选择旋钮选择要移动的轴，手摇脉冲发生器旋转一个刻度时，刀具移动的最小距离与最小输入增量相等。手摇脉冲发生器旋转一个刻度时刀具移动的距离可以放大 1 倍、10 倍、100 倍。

操作步骤如下。

①按下方式选择的手轮方式选择按钮。

②旋转手摇脉冲发生器上的移动轴旋钮和倍率旋钮，使之处于相应的位置。

③旋转手轮以手轮转向对应的移动方向移动刀具，手轮旋转 360°，刀具移动的距离相当于 100 个刻度的对应值。

(4)自动运行

用编程程序运行 CNC 机床，称为自动运行。自动运行分为存储器运行、MDI 运行、DNC 运行、程序再启动、利用存储卡进行 DNC 运行等。

1)存储器运行

程序事先存储到存储器中。选择了这些程序中的一个并按下机床操作面板上的循环启动按钮后，启动自动运行。在自动运行中，机床操作面板上的进给保持 I 按钮被按下后，自动运行被临时中止，当再次按下循环启动按钮后，自动运行又重新进行。

当 MDI 面板上的复位键 RESET 被按下后，自动运行被终止，并且进入复位状态。

运行步骤如下。

①在按下 PROG 和编辑键后，显示程序屏幕，输入程序号，按下软键“O 搜索”，打开所要运行的程序。

②按下机床操作面板上自动运行按钮和循环启动按钮，便可启动自动运行。

2)MDI 运行

在 MDI 运行方式中，通过 MDI 面板可以编制最多 10 行的程序被执行，程序格式和通常程序一样。在 MDI 方式中，编制的程序不能被存储，MDI 运行是用于简单的测试操作。

MDI 运行操作步骤如下。

①按下 MDI 方式按钮，按下 MDI 操作面板上的PROG功能键。屏幕显示如 2.38 所示。界面中自动加入程序号 O0000。

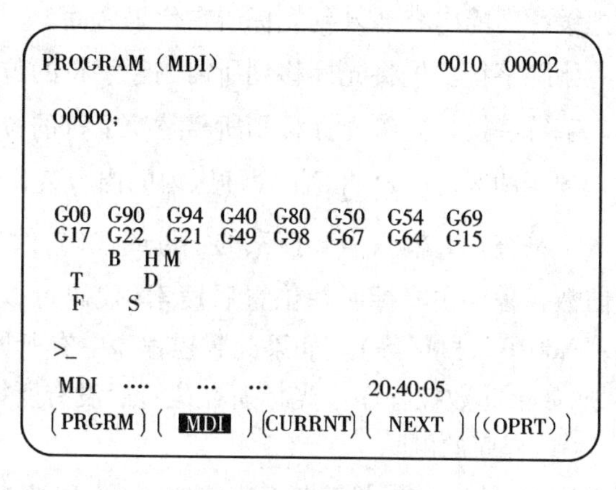

图 2.38　MDI 界面

②用通常的程序编辑方式，编制一个要执行的程序，在程序段的结尾处加上 M99，用以在程序执行完毕后，将控制返回到程序起始处。

为了执行程序，需将光标移到程序头（从中间点启动也是可以的），按下循环启动按钮□，程序启动运行。

当执行程序结束语句（M02 或 M30）或者执行 ER（%）后，程序自动清除并结束运行。通过指令 M99，控制自动回到程序的开头。

要在中途停止或结束 MDI 操作，有如下两种方法。

停止 MDI 操作——按下操作面板上的进给保持按钮，进给保持按钮指示灯亮，程序暂停。再次按下循环启动按钮□，机床的运行被重新启动。

结束 MDI 操作——按下 MDI 面板上的复位按钮RESET，自动运行结束，并进入复位状态。

3. 程序管理操作

(1) 程序的创建

按下编辑按钮，然后按下程序按钮PROG，屏幕将显示程序内容页面。输入以字母 O 开头后接 4 位数字的程序编号（如 O0010），单击插入按钮INSERT即可创建由该程序编号命名的程序。

(2) 程序的录入

当创建程序完成后，系统自动进入程序录入状态，此时可按字母、数字键，然后按插入键INSERT即可插入到当前程序的光标之后。

当输入有误，在未按插入键INSERT之前，可以按CAN键删除错误输入。

当输入完成一段程序后，按分号键EOB E后，再按插入键INSERT，则之后输入的内容自动换行。

(3) 程序的修改

程序字的插入。按PAGE↑和PAGE↓用于翻页，按方位键↑ ↓ ← →移动光标。将光标移到所需位置，单击 MDI 键盘上的"数字/字母"键，将代码输入到缓冲区内，按INSERT

键把缓冲区的内容插入到光标所在代码后面。

删除字符。先将光标移到所需删除字符的位置,按DELETE键删除光标所在的代码。

字符替换。先将光标移到所需替换字符的位置,将替换成的字符通过 MDI 键盘输入到缓冲区内,按ALTER键把缓冲区内的内容替代光标所在处的代码。

字符查找。输入需要搜索的字母或代码,然后按 CURSOR 的向下键↓,开始在当前数控程序中光标所在位置后搜索(代码可以是一个字母或一个完整的代码,例如:"N0010","M"等)。如果此数控程序中有所搜索的代码,则光标停留在找到的代码处;如果此数控程序中光标所在位置后没有所搜索的代码,则光标停留在原处。

(4)程序的删除

按下编辑按钮,再按下程序按钮PROG,屏幕将显示程序内容页面,然后利用软键 LIB 查看已有程序列表,利用 MDI 键盘键入要删除的程序编号(如 O0010),按DELETE键,程序即被删除。

删除全部数控程序。利用 MDI 键盘输入"O-9999",按DELETE键则全部数控程序即被删除。

(5)打开或切换不同的程序

按下程序按钮PROG键,在编辑模式下键入要打开或切换的程序编号,然后按 CURSOR 向下键↓或软件 O 搜索键,即可打开或切换。

4. 刀补值的输入

在程序输入完成后,要进行刀补值的输入。

按下 MDI 操作面板上的"设置/偏置"键OFFSET SETTING,CRT 将进入参数补偿设置界面,如图 2.39 所示。

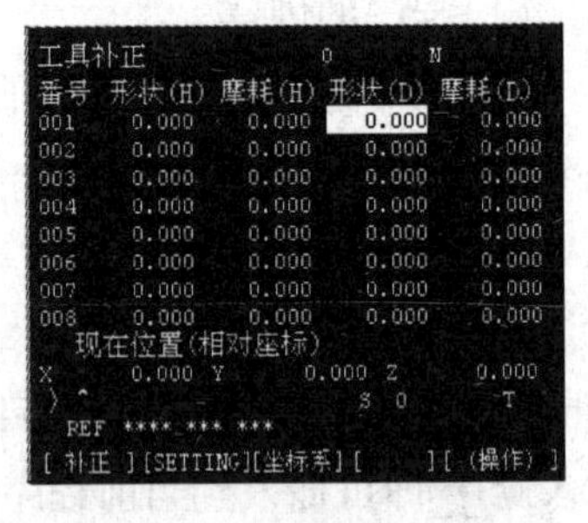

图 2.39 参数补偿设置界面

对应不同刀号在"形状(H)"一列中输入长度补偿值,在"形状(D)"一列中输入刀具半径补偿值。而在"摩耗(H)"和"摩耗(D)"中,可将刀具在长度和半径方向的磨损量输入其中,以修正刀具的磨损,也可在精加工时,通过调整摩耗量,以保证精加工的尺寸精度。

5. 程序的检查调试

在实际加工之前要对录入的程序进行全面检查,以检查机床是否按编好的加工程序进行工作。检查调试主要利用机床锁住功能进行图形模拟、空运行和单段运行。

(1)图形模拟

同时按下机床操作面板上的机床锁住按钮和 MDI 操作面板上的图形模拟按钮OFFSET SETTING,机床进入图形模拟状态。此时,在自动运行模式下按循环启动按钮,刀具、工作台不再移动，但显示器上沿每一轴的运动位移在变化，即在显示器上显示出了刀具运动的轨迹。通过这种操作，可检查程序的运动轨迹是否正确。

机床坐标系和工件坐标系在机床锁住前后可能不一致，因此在机床锁住进行图形模拟之后，一定要进行参考点返回操作。

(2)空运行

在自动运行模式下，按下空运行按钮[按钮图标]，此时机床进入空运行状态，刀具按参数指定的速度快速移动，而与程序中指令的进给速度无关。该功能可快速检查刀具运动轨迹是否正确。

在此状态下，刀具的移动速度很快，因此应在机床未装工件或将刀具抬高一定高度的情况下进行。将工件抬高一定的高度，可在机床坐标系设置界面中，将公共坐标系(EXT)的 Z 轴中输入 100.0，如图 2.40 所示。

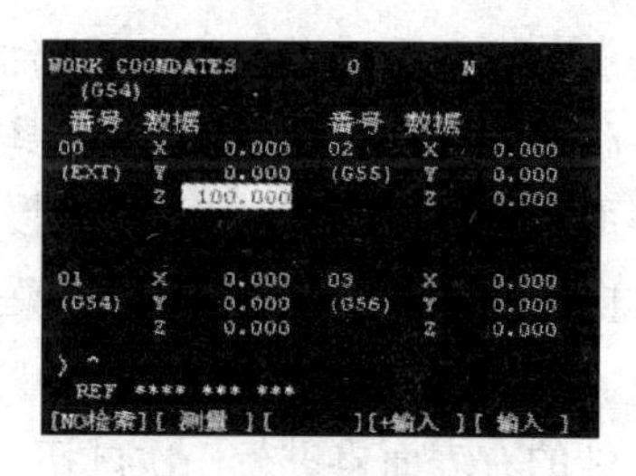

图 2.40　坐标界面

(3)单段运行

按下单段运行按钮[按钮图标]，机床进入单段运行方式。在单段运行方式下，按下循环启动按钮后，刀具在执行完程序中的一段程序后停止，再次按下循环启动按钮，执行完下一段程序后，刀具再次停止。通过单段运行方式，使程序逐段执行，以此来检查程序是否正确。

2.2.4　FANUC 数控铣、加工中心建立工件坐标系实训

【能力目标】

通过本项目的实训，学生可掌握在数控铣床和加工中心上利用试切法对刀建立工件坐标系的方法和步骤，并通过调整刀具的工件坐标系保证零件的加工质量。

【知识目标】

①明确对刀的概念及其重要性。

②掌握在 XK714B 数控铣床上试切法对刀的基本方法及步骤。

③掌握在 VM850 加工中心上试切法对刀的基本方法及步骤。

④掌握工件坐标系偏移的原理和方法。

【实训内容】

建立工件坐标系是在机床上确定工件坐标系原点的过程，也称对刀。对刀的目的，一是将对刀后的数据输入到 G54 ~ G59 坐标系中，在程序中调用该坐标系。G54 ~ G59 是该原点在机床坐标系的坐标值，它储存在机床内，无论停电、关机或者换班后，它都能保持不变；而用 G92 建立的工件坐标系，必须确定刀具起点相对于工件坐标系原点的位置是浮动的，一旦断电就必须重新对刀。二是确定加工刀具和基准刀具的刀补，即通过对刀确定出加工刀具与基准刀具在 Z 轴方向上的长度差，以确定

其长度补偿值。

对刀的方法:根据工件表面是否已经被加工,可将对刀分为试切法对刀和借助于仪器量具对刀两种方法。

1. 试切法对刀

试切法对刀适用于尚需加工的毛坯表面或加工精度要求较低的场合。具体操作步骤如下。

①启动主轴。按下机床操作面板上的 MDI 按钮和数控操作面板上的程序按钮,输入“M03 S800”,然后按下循环启动按钮,主轴开始正转。

②按下手动操作按钮,然后通过操作按钮,将刀具移动到工件附近,并在 X 轴方向上使刀具离开工件一段距离, Z 轴方向上使刀具移动到工件表面以下,再用手轮将刀具慢慢移向工件的左表面,当刀具稍稍切到工件时,停止 X 方向的移动。此时,按下数控操作面板上的位置功能键,显示出机床的机械坐标值,并记录该数值。将刀具离开工件左边一定距离抬刀,移至工件的右侧再下刀,在工件的右表面再进行一次试切,并记录下该处的机械坐标值。将两处的机械坐标值相加再除以 2,就得到该工件的中心坐标的机械坐标值,将所得的值输入到 G54 的 X 坐标中即可。也可通过测量得到 X 的坐标值。当刀具在工件左边试切后,将相对坐标值中的 X 值归零,然后再在工件右边试切一次。此时,得到 X 轴的相对坐标值,将该值除以 2,就得到了工件在 X 轴上的中点相对坐标值,此时将刀具抬起移向工件中点,当到达工件该相对坐标值时,停止移动。将光标移动到 G54 的 X 坐标上,输入“X0”,按下“测量”软键, X 的机械坐标值就输入到 G54 的 X 中。

③用同样方法分别试切工件的前后表面,可得到工件的 Y 坐标值。

④X、Y 轴对好后,再对 Z 轴。将刀具移向工件上表面,在工件上表面上试切一下,此时 Z 轴方向不动,读取 Z 向的机械坐标值,输入到 G54 的 Z 坐标中,或者输入“Z0”,然后按“测量”软键即可。

以上坐标系是建立在工件的中心。但在实际加工时,通常为了编程方便和检查尺寸的原因,坐标系建立在某个特定的位置则更加合理。此时,一般过程同样是用中心先对好位置,再移到指定的偏心位置,并把此处的机械坐标值输入到 G54 中即可完成坐标系的建立。为避免出错,最好将中心位置的相对坐标系设置为零,然后再进行移动。

如果工件坐标系设置在工件的某个角上,则在 X、Y 方向对刀时,只需试切相应的一个表面即可。但此时要注意,在输入相应的机械坐标值时,应加上或减去刀具的半径值。

2. 借助仪器或量具对刀

在实际加工中,一些较精密零件的加工精度往往控制在几十甚至几微米之内,试切对刀法不能满足精度要求;另外,有的工件表面已经进行了精加工,不能对工件表面进行切削,试切对刀不能满足其要求。因而常借助仪器和量具进行对刀。下面简要介绍一些常用的仪器和方法。

(1)使用光电式寻边器对刀

光电式寻边器如图 2.41 所示。

其工作原理:将光电寻边器安装到主轴上,然后利用手轮控制,使光电寻边器以较慢的速度移向工件的测量表面,当顶端上的圆球接触到工件的某一对刀表面时,整个机床、寻边器和工件之间便形成一条闭合的电路,寻边器上的指示灯发光。其具体操作步骤、数值记录和录入与试切法对刀的原理相同,所不同的是这种对刀方法对工件没有破坏作用,并且利用了光电信号,提高了对刀精度。

(2)使用机械式偏心寻边器对刀

机械式偏心寻边器如图 2.42 所示。

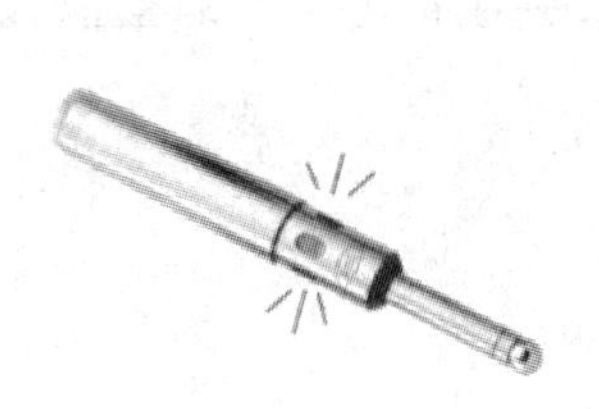

图 2.41　光电寻边器

图 2.42　机械式寻边器

其结构分为上下两段,中间有孔,内有弹簧,通过弹簧拉力将上下两段紧密结合到一起。

工作原理:将寻边器安装在主轴上,让主轴以 200 ~ 400 r/min 的转速转动,此时在离心力作用下,寻边器上下两部分是偏心的,当用寻边器下边部分去碰工件的某个表面时,在接触力的作用下,寻边器的上下两部分将逐渐趋向于同心,同心时的坐标值即为对刀值。具体操作步骤、数值记录和录入与试切对刀法相同。

上述两种方法只适用于 X 和 Y 向的对刀,Z 向可采用对刀块对刀。仪器的灵敏度在 0.005 mm 之内,因而,对刀精度可以控制在 0.005 mm 之内。使用机械式偏心寻边器时,主轴转速不宜过高。转速过高,离心力变大,会使寻边器内的弹簧拉长而损坏。

3. 使用对刀块进行 Z 向对刀

X 和 Y 向可采用以上方法对刀,Z 向采用对刀块对刀。对刀块通常是高度为 100 mm 的长方体,用热变形系数较小、耐磨、耐蚀的材料制成。

Z 向对刀时,主轴不转,当刀具移到对刀块附近时改用手轮控制,沿 Z 轴一点点向下移动。每次移动后,将对刀块移向刀具和工件之间,如果对刀块能够在刀具和工件之间轻松穿过则间隙太大,如果不能穿过则间隙过小。反复调试,直到对刀块在刀具和工件之间能够穿过,且感觉对刀块与刀具及工件有一定的摩擦阻力时,间隙合适。然后读出此时的Z轴的机械坐标值,减去100后,输入图2.40的Z坐标中,Z向对刀完成。

除去以上方法外,还可利用塞尺对刀。对于圆柱形坯料,有的还可借助百分表对刀。

2.2.5 宇龙数控铣、加工中心仿真软件操作

【能力目标】

熟悉FANUC 0I数控铣床和加工中心的操作界面,通过实际的操作使学生掌握宇龙仿真软件数控铣床和加工中心的系统选择、刀具选用、毛坯定制、对刀及程序的编制与模拟等相关内容。

【知识目标】

①掌握宇龙仿真软件的基本操作。

②通过宇龙软件的仿真功能,编制完整工艺路线,完成指定零件的模拟铣削加工。

【实训内容】

1. 宇龙(FANUC)数控车床仿真软件的进入和退出

(1)启动加密锁管理程序

依次执行菜单命令"开始"—"程序"—"数控加工仿真系统"—"加密锁管理程序",如图2.43所示。

加密锁程序启动后,屏幕右下方的工具栏中将出现图标。

(2) 运行数控加工仿真系统

依次执行菜单命令"开始"—"程序"—"数控加工仿真系统"—"数控加工仿真系统"命令,系统将弹出如图2.44所示的"用户登录"界面。

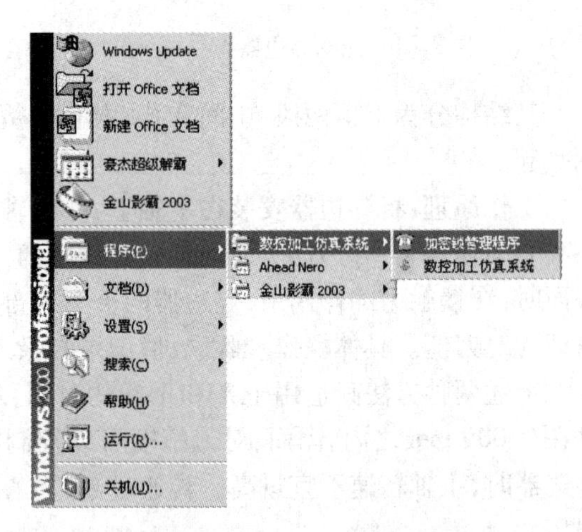

图2.43 宇龙软件启动

此时,可以通过单击"快速登录"按钮进入数控加工仿真系统的操作界面或通过输入用户名和密码,再单击"登录"按钮,进入数控加工仿真系统。

在局域网内使用本软件时,必须按上述方法先在教师机上启动"加密锁管理程序",待教师机屏幕右下方的工具栏中出现图标后,才可以在学生机上依次执行菜单命令"开始"—"程序"—"数控加工仿真系统"—"数控加工仿真系统",登录到软件的操作界面。

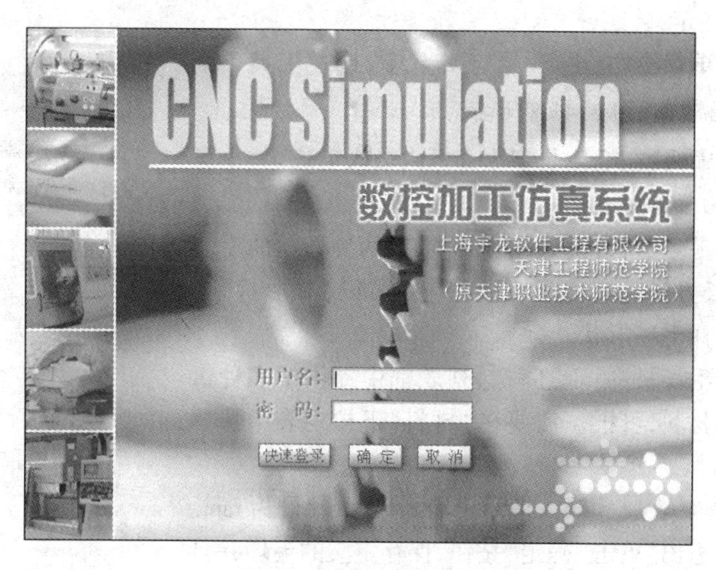

图 2.44　用户登录界面

(3)用户名与密码

用户名,guest;密码,guest。一般情况下,通过单击“快速登录”按钮登录即可。

(4)退出

执行宇龙仿真软件窗口的“关闭”按钮,就退出了宇龙仿真软件。

2. 机床系统及毛坯的选择

(1)界面启动

打开菜单命令“机床”—“选择机床”,在“选择机床”对话框中选择控制系统类型和相应的机床并按确定按钮,此时界面如图 2.45 所示。

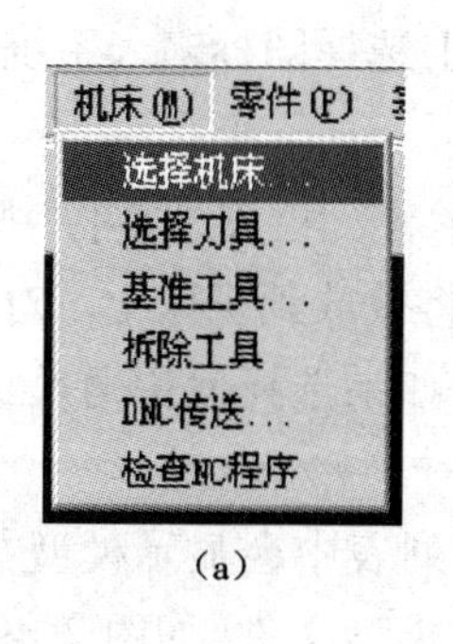

(a)

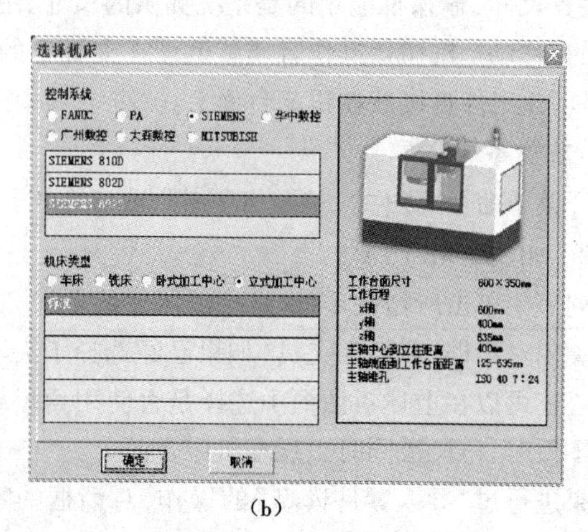

(b)

图 2.45　选择机床

(a)菜单;(b)对话框

(2)毛坯定义

打开菜单命令“零件”—“定义毛坯”或在工具条上选择 ，系统打开图2.46对话框。

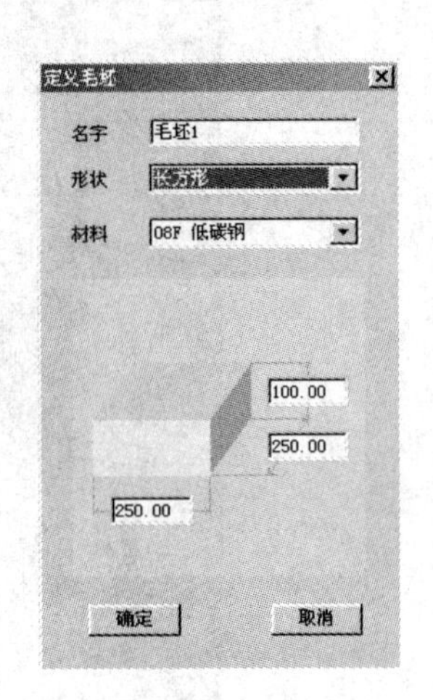

图2.46　定义毛坯对话框

①名字输入:在毛坯名字输入框内输入毛坯名,也可使用缺省值。

②选择毛坯形状:铣床、加工中心有两种形状的毛坯供选择,即长方形毛坯和圆柱形毛坯。可以在“形状”下拉列表中选择毛坯形状。

③选择毛坯材料:毛坯材料列表框中提供了多种供加工的毛坯材料,可根据需要在“材料”下拉列表中选择毛坯材料。

④参数输入:尺寸输入框用于输入尺寸,单位为mm。

⑤保存退出:单击“确定”按钮,保存定义的毛坯并且退出本操作。

⑥取消退出:单击“取消”按钮,退出本操作。

(3)选择毛坯

使用夹具打开菜单命令“零件”—“安装夹具”或者在工具条上选择图标 ,打开操作对话框。

首先在“选择零件”列表框中选择毛坯,然后在“选择夹具”列表框中选择夹具,长方体零件可以使用工艺板或者平口钳,圆柱形零件可以选择工艺板或者卡盘,如图2.47所示。

“夹具尺寸”输入框显示的是系统提供的尺寸,用户可以修改工艺板的尺寸。各个方向的“移动”按钮供操作者调整毛坯在夹具上的位置。铣床和加工中心可以不使用夹具,让工件直接放在机床台面上。

(4)放置零件

打开菜单命令“零件”—“放置零件”或者在工具条上选择图标 ,系统弹出操作对话框,如图2.48所示。

在列表中单击所需的零件,选中的零件信息加亮显示,按下“安装零件”按钮,系统自动关闭对话框,零件和夹具(如果已经选择了夹具)将被放到机床上。对于卧式加工中心还可以在上述对话框中选择是否使用角尺板。如果选择使用角尺板,那么在放置零件时,角尺板同时出现在机床台面上。

如果进行过“导入零件模型”的操作,对话框的零件列表中会显示模型文件名,若在类型列表中选择“选择模型”,则可以选择导入零件模型文件,如图2.49所示。选择的零件模型(经过部分加工的成形毛坯)被放置在机床台面上或卡盘上。

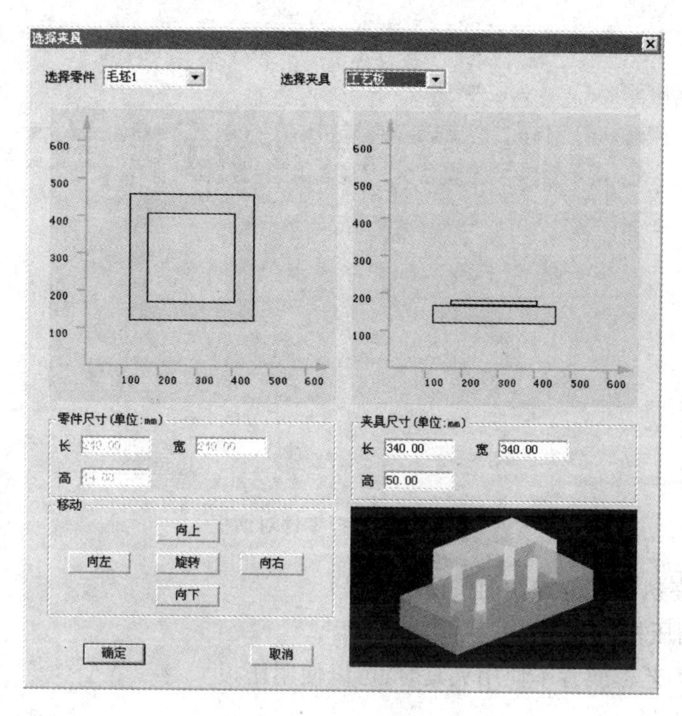

图 2.47　选择夹具对话框

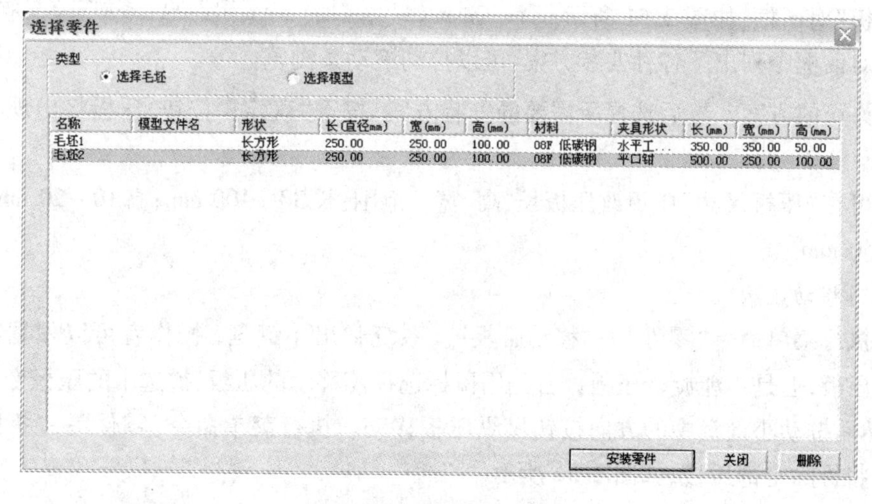

图 2.48　放置零件对话框

(5)调整零件位置

零件可以在工作台面上移动。毛坯放上工作台后,系统将自动弹出一个小键盘,如图 2.50 所示,通过按动小键盘上的方向按钮,实现零件的平移、旋转或调头。小键盘上的“退出”按钮用于关闭小键盘。执行菜单命令“零件”—“移动零件”也可以打

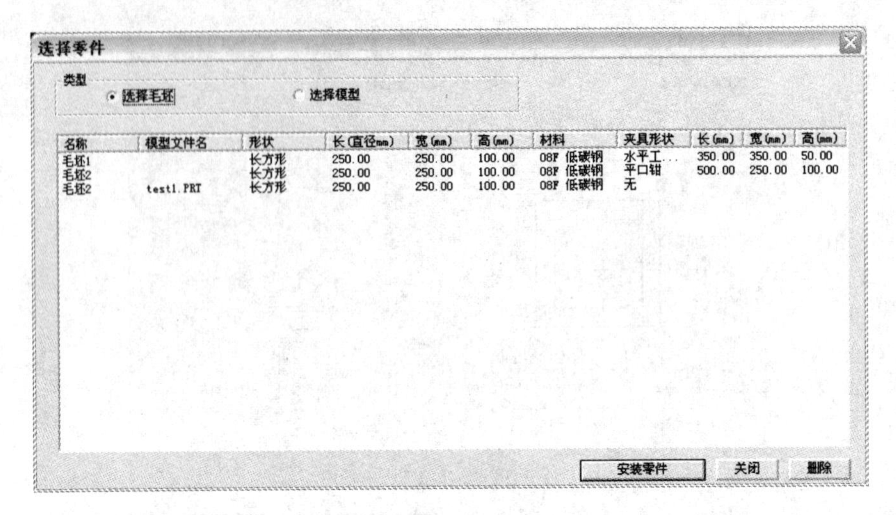

图2.49　选择零件对话框

开小键盘。在执行其他操作前关闭小键盘。

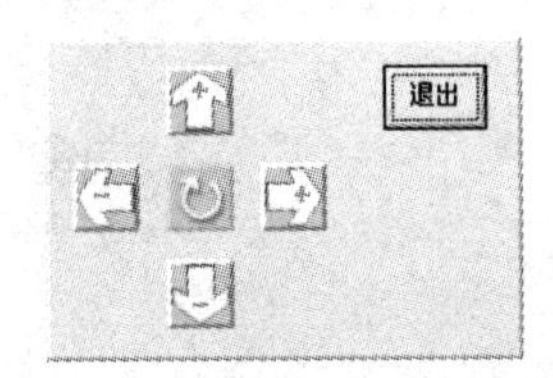

图2.50　移动零件对话框

(6)使用压板

当使用工艺板或者不使用夹具时,可以使用压板。

1)安装压板

执行菜单命令“零件”—“安装压板”。系统打开“选择压板”对话框,如图2.51所示。

对话框中列出了各种安装方案,可以拉动滚动条浏览全部许可的方案。然后选择所需要的安装方案,按下“确定”按钮,压板将出现在台面上。

可在“压板尺寸”中更改压板长、高、宽。范围:长30~100 mm;高10~20 mm;宽10~50 mm。

2)移动压板

执行菜单命令“零件”—“移动压板”。系统弹出小键盘,操作者可以根据需要平移压板,但是不能旋转压板。首先用鼠标选择需移动的压板,被选中的压板变成灰色;然后按动小键盘中的方向按钮操纵压板移动。执行菜单命令“零件”—“拆除压板”,将拆除全部压板,如图2.52所示。

3.数控铣、加工中心刀具选择

(1)按条件列出工具清单

筛选条件是直径和类型。

①在“所需刀具直径”输入框内输入直径,如果不把直径作为筛选条件,就输入数字“0”。

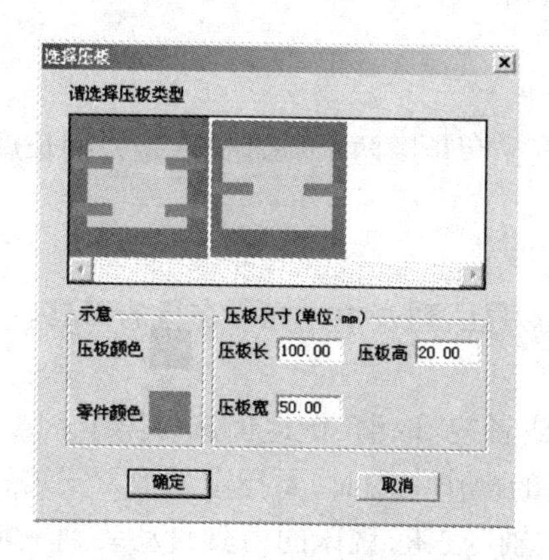

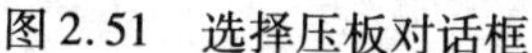
图 2.51　选择压板对话框

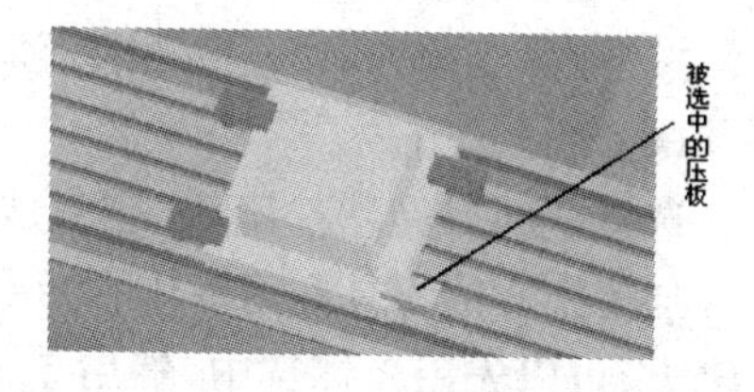

图 2.52　拆除压板

②在“所需刀具类型”选择列表中选择刀具类型。可供选择的刀具类型有平底刀、平底带 R 刀、球头刀、钻头、镗刀等。

③按下“确定”按钮,符合条件的刀具在“可选刀具”列表中显示。

(2)指定刀位号

图 2.53 对话框的下半部中的序号,就是刀库中的刀位号。卧式加工中心允许同时选择 20 把刀具;立式加工中心允许同时选择 24 把刀具。对于铣床,对话框中只有 1 号刀位可以使用。单击“已经选择刀具”列表中的序号制定刀位号。

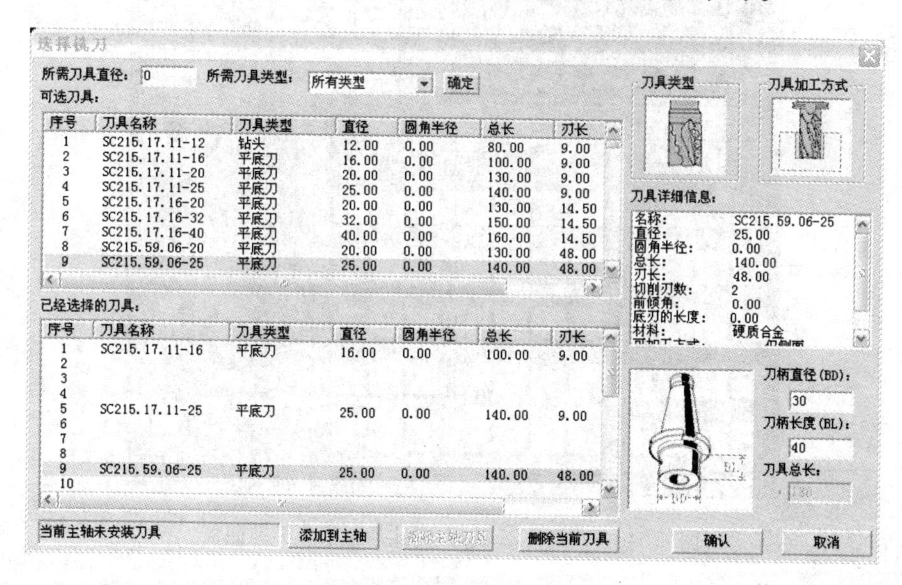

图 2.53　选择铣刀对话框

(3)选择需要的刀具

指定刀位号后,单击“可选刀具”列表中的所需刀具,选中的刀具对应显示在“已经选择刀具”列表中选中的刀位号所在行。

(4)输入刀柄参数

操作者可以按需要输入刀柄参数。参数有直径和长度两个。总长度是刀柄长度与刀具长度之和。

(5)删除当前刀具

按“删除当前刀具”键可删除此时“已选择的刀具”列表中光标所在行的刀具。

(6)确认选刀

选择全部刀具,按“确认”键完成选刀操作,或者按“取消”键退出选刀操作。

加工中心的刀具在刀库中,如果在选择刀具的操作中同时,要指定某把刀安装到主轴上,可以先用光标选中,然后单击“添加到主轴”按钮,铣床的刀具自动装到主轴上。

4. FANUC 0I 标准铣床、加工中心面板操作

图2.54为FANUC 0I铣床、卧式加工中心标准面板。

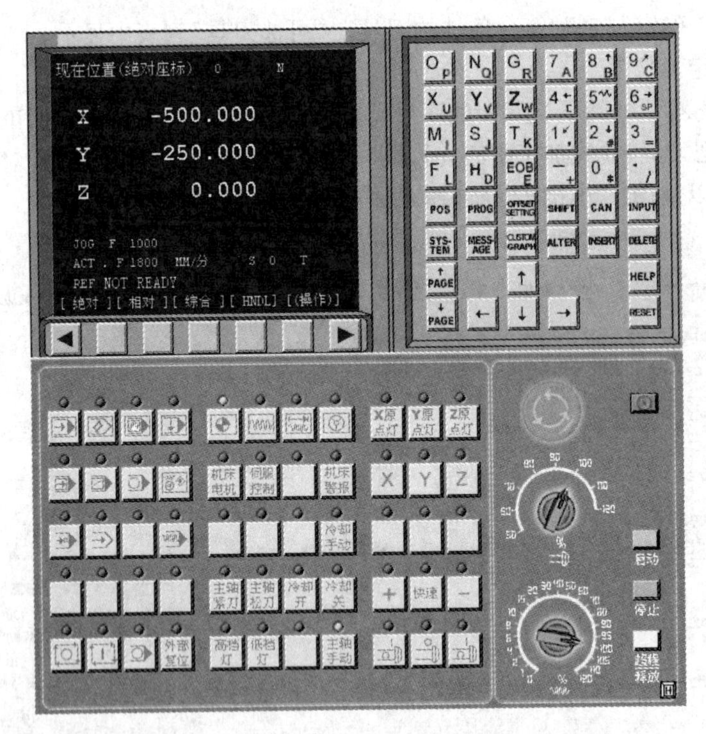

图2.54　FANUC 0I铣床、卧式加工中心标准面板

(1)机床准备

单击“启动”按钮,此时机床电机和伺服控制的指示灯变亮。

检查“急停”按钮是否松开,若未松开,则单击“急停”按钮,将其松开。

(2)机床回参考点

检查操作面板上回原点指示灯是否亮，若指示灯亮，则已进入回原点模式；若指示灯不亮，则单击“回原点”按钮，转入回原点模式。

在回原点模式下，先将 X 轴回原点，单击操作面板上的“X 轴选择”按钮，使 X 轴方向移动指示灯变亮，单击，此时 X 轴将回原点，X 轴回原点灯变亮，CRT 上的 X 坐标变为“0.000”。同样，再分别单击 Y 轴、Z 轴方向按钮和使指示灯变亮，单击，此时 Y 轴、Z 轴将回原点，Y 轴、Z 轴回原点灯变亮。此时，CRT 界面如图 2.55 所示。

(3)刚性棒对刀

数控程序一般按工件坐标系编程，对刀的过程就是建立工件坐标系与机床坐标系之间关系的过程。

下面将具体说明铣床和卧式加工中心对刀的方法。铣床和卧式加工中心将工件上表面中心点设为工件坐标系原点。将工件上其他点设为工件坐标系的方法与对刀方法类似。

一般铣床及加工中心在 X、Y 方向对刀时使用的基准工具包括刚性靠棒和寻边器两种。

刚性靠棒 X、Y 轴对刀：刚性靠棒采用检查塞尺松紧的方式对刀，具体过程如下(采用将零件放置在基准工具的左侧即正面视图的方式)。

①单击菜单命令“机床”—“基准工具”，弹出的基准工具对话框中，左边的是刚性靠棒基准工具，右边的是寻边器，如图 2.56 所示。

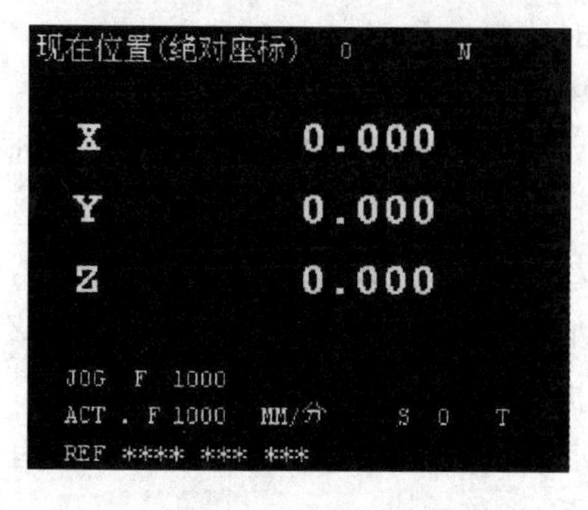

图 2.55　回零画面

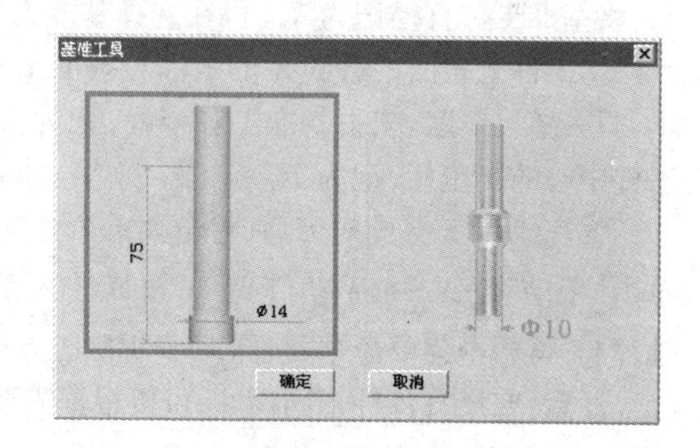

图 2.56　基准工具对话框

②X 轴方向对刀：单击操作面板中的“手动”按钮，手动状态灯亮，进入手动方式。

③单击 MDI 键盘上的POS，使 CRT 界面上显示坐标值；借助“视图”菜单中的动态

旋转、动态放缩、动态平移等工具，适当单击 X 、 Y 、 Z 按钮和 + 、 - 按钮，将机床移动到如图 2.56 所示的大致位置。

④移动到大致位置后，可以采用手轮调节方式移动机床，单击菜单“塞尺检查/1 mm”，基准工具和零件之间被插入塞尺。在机床下方显示如图 2.57 所示的局部放大图（紧贴零件的红色物件为塞尺）。

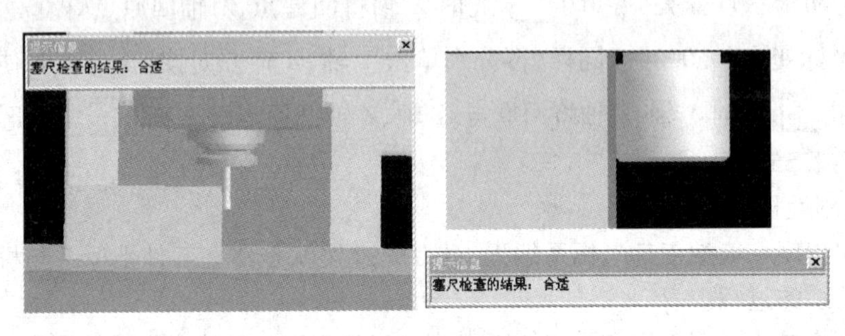

图 2.57　对刀操作

⑤单击操作面板上的“手动脉冲”按钮或，使手动脉冲指示灯变亮，采用手动脉冲方式精确移动机床，单击显示手轮，将手轮对应轴旋钮置于 X 挡，调节手轮进给速度旋钮，在手轮上单击或右击精确移动靠棒，使得提示信息对话框显示“塞尺检查的结果：合适”，如图 2.57 所示。

⑥记下塞尺检查结果为“合适”时 CRT 界面中的 X 坐标值，此为基准工具中心的 X 坐标，记为 X_1；将定义毛坯数据时设定的零件的长度记为 X_2；将塞尺厚度记为 X_3；将基准工件直径记为 X_4（可在选择基准工具时读出）。

⑦工件上表面中心的 X 的坐标为基准工具中心的 X 的坐标减去零件长度的一半、减去塞尺厚度、减去基准工具半径，记为 X。Y 方向对刀采用同样的方法。得到工件中心的 Y 坐标，记为 Y。

⑧完成 X、Y 方向对刀后，单击菜单命令“塞尺检查”—“收回塞尺”将塞尺收回，单击“手动”按钮，手动灯亮，机床转入手动操作状态，单击 Z 和 + 按钮，将 Z 轴提起，再单击菜单命令“机床”—“拆除工具”，拆除基准工具。

注意：塞尺有各种不同尺寸，可以根据需要进行调用。本系统提供的塞尺尺寸有 0.05 mm、0.1 mm、0.2 mm、1 mm、2 mm、3 mm、100 mm（量块）。

（4）寻边器 X、Y 轴对刀

寻边器由固定端和测量端两部分组成。固定端由刀具夹头夹持在机床主轴上，中心线与主轴轴线重合。在测量时，主轴以 400 r/m 的速度旋转。通过手动方式，使寻边器向工件基准面移动靠近，让测量端接触基准面。在测量端未接触工件时，固定端与测量端的中心线不重合，两者呈偏心状态。当测量端与工件接触后，偏心距减小,这时使用点动方式或手轮方式微调进给,寻边器继续向工件移动,偏心距逐渐减小。当测量端和固定端的中心线重合的瞬间,测量端会明显偏出,出现明显的偏心状态,这时主轴中心位置距离工件基准面的距离等于测量端的半径。

X 轴方向对刀过程如下。

①单击操作面板中的"手动"按钮,手动灯亮,系统进入手动方式。

②单击 MDI 键盘上的使 CRT 界面显示坐标值;借助"视图"菜单中的动态旋转、动态放缩、动态平移等工具,适当单击操作面板上的 X、Y、Z 和 +、- 按钮,将机床移动到大致位置。

③在手动状态下,单击操作面板上的或按钮,使主轴转动。未与工件接触时,寻边器测量端大幅度晃动。

④移动到大致位置后,可采用手动脉冲方式移动机床,单击操作面板上的"手动脉冲"按钮,使手动脉冲指示灯变亮,采用手动脉冲方式精确移动机床,单击显示手轮控制面板,将手轮对应轴旋钮置于 X 挡,调节手轮进给速度旋钮,在手轮上单击或右击精确移动寻边器。寻边器测量端晃动幅度逐渐减小,直至固定端与测量端的中心线重合(如图 2.58 所示),若此时用增量或手轮方式以最小脉冲当量进给,寻边器的测量端突然大幅度偏移(如图 2.59 所示),即认为此时寻边器与工件恰好吻合。

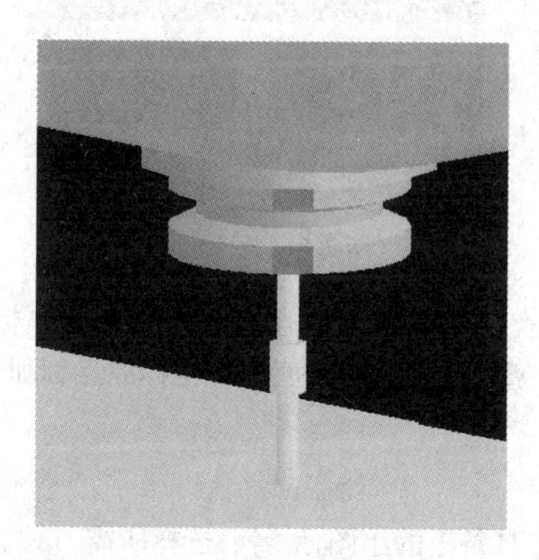

图 2.58　寻边器重合

图 2.59　寻边器不重合

⑤记下寻边器与工件恰好吻合时 CRT 界面中的 X 坐标,此为基准工具中心的 X 坐标,记为 X_1;将定义毛坯数据时设定的零件的长度记为 X_2;将基准工件直径记为 X_3。可在选择基准工具时读出。

⑥工件上表面中心的 X 的坐标为基准工具中心的 X 的坐标减去零件长度的一

半、减去基准工具半径，记为 X。

Y 方向对刀采用同样的方法，得到工件中心的 Y 坐标，记为 Y。

完成 X、Y 方向对刀后，单击 Z 和 + 按钮，将 Z 轴提起，停止主轴转动，再单击菜单“机床”—“拆除工具”拆除基准工具。

(5)塞尺法 Z 轴对刀

铣床 Z 轴对刀时采用实际加工时所要使用的刀具。

单击菜单“机床”—“选择刀具”或单击工具条上的小图标，选择所需刀具。

装好刀具后，单击操作面板中的“手动”按钮，手动状态指示灯亮，系统进入“手动”方式。

利用操作面板上的 X、Y、Z 和 +、- 按钮，将机床移到如图 2.60 所示的大致位置。

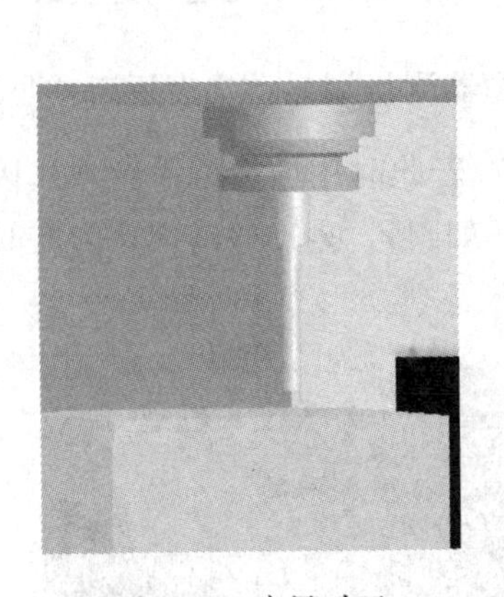

图 2.60　塞尺对刀

图 2.61　塞尺调节

类似在 X、Y 方向对刀的方法进行塞尺检查，得到“塞尺检查：合适”时 Z 的坐标值，记为 $Z1$，如图 2.61 所示。坐标值 $Z1$ 减去塞尺厚度后的数值为 Z 坐标原点，此时工件坐标系在工件上表面。

(6)试切法 Z 轴对刀

单击菜单“机床”—“选择刀具” 或单击工具条上的小图标，选择所需刀具。

装好刀具后，利用操作面板上的 X、Y、Z 和 +、- 按钮，将机床移到如图 2.60所示的大致位置。

打开菜单“视图”—“选项”中的“声音开”和“铁屑开”选项。

单击操作面板上或按钮使主轴转动；单击操作面板上的 Z 和 -，切削零件的声音刚响起时停止，使铣刀将零件切削小部分，记下此时 Z 的坐标值，记为 Z，此为工件表面一点处 Z 的坐标值。

通过对刀得到的坐标值（X,Y,Z）即为工件坐标系原点在机床坐标系中的坐标值。

5. 手动操作

(1)手动/连续方式

①单击操作面板上的“手动”按钮，使其指示灯亮，机床进入手动模式。

②分别单击X、Y、Z按钮，选择移动的坐标轴。

③分别单击+、-按钮，控制机床的移动方向。

④单击控制主轴的转动和停止。

注意：刀具切削零件时，主轴需转动。加工过程中刀具与零件发生非正常碰撞（包括车刀的刀柄与零件发生碰撞、铣刀与夹具发生碰撞等）后，系统弹出警告对话框，同时主轴自动停止转动，调整到适当位置，继续加工时需再次单击按钮，使主轴重新转动。

(2)手动脉冲方式

①在手动/连续方式或在对刀时需精确调节机床时，可用手动脉冲方式调节机床。

②单击操作面板上的“手动脉冲”按钮或，使指示灯变亮。

③单击按钮，显示手轮。

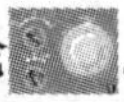

④鼠标指针对准“轴选择”旋钮，单击或右击，选择坐标轴。

⑤鼠标指针对准“手轮进给速度”旋钮，单击或右击，选择合适的脉冲当量。

⑥鼠标指针对准手轮，单击或右击，精确控制机床的移动。

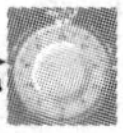

⑦单击控制主轴的转动和停止。

⑧单击，可隐藏手轮。

(3)自动/连续方式

①检查机床是否回零，若未回零则先将机床回零。

②导入数控程序或自行编写一段程序。

③单击操作面板上的“自动运行”按钮，使其指示灯变亮。

④单击操作面板上的“循环启动”按钮，程序开始执行。

数控程序在运行过程中可根据需要暂停、停止、急停和重新运行。

数控程序在运行时，按“进给保持”按钮，程序停止执行；再单击键，程序从暂停位置开始执行。

数控程序在运行时,按“循环停止”按钮,程序停止执行;再单击键,程序从开头重新执行。

数控程序在运行时,按下“急停”按钮,数控程序中断运行,继续运行时,先将急停按钮松开,再按按钮,余下的数控程序从中断行开始作为一个独立的程序执行。

(4)自动/单段方式

①检查机床是否回零,若未回零则先将机床回零。

②导入数控程序或自行编写一段程序。

③单击操作面板上的“自动运行”按钮,使其指示灯变亮。

④单击操作面板上的“单节”按钮。

⑤单击操作面板上的“循环启动”按钮,程序开始执行。

注意:自动/单段方式执行每一行程序均须单击一次“循环启动”按钮。

单击“单节跳过”按钮,则程序运行时跳过符号“/”有效,该行成为注释行,不执行。

单击“选择性停止”按钮,则程序中 M01 有效。

可以通过“主轴倍率”旋钮和“进给倍率”旋钮来调节主轴旋转的速度和移动的速度。

按RESET键可将程序重置。

(5)检查运行轨迹

NC 程序导入后,可检查运行轨迹。

单击操作面板上的“自动运行”按钮,使其指示灯变亮,转入自动加工模式,单击 MDI 键盘上的PROG按钮,单击“数字/字母”键,输入“OX”(X 为所需要检查运行轨迹的数控程序号),按↓开始搜索,找到后程序显示在 CRT 界面上。单击CUSTOM GRAPH按钮进入检查运行轨迹模式,单击操作面板上的“循环启动”按钮,即可观察数控程序的运行轨迹,此时也可通过“视图”菜单中的动态旋转、动态放缩、动态平移等方式对三维运行轨迹进行全方位的动态观察。

6. 数控程序处理

在数控铣、加工中心的宇龙软件操作中,其程序的导入、导出、编辑、管理等操作同数控车床部分一致,可参考 1.2.5 节的内容,本节不再赘述。

任务 2.3 零件的铣削工艺设计与加工实训

数控铣床、加工中心的加工操作是数控铣削实训课程的核心内容。本部分实训项目通过多孔类零件、平面轮廓零件、圆槽及腰形通孔零件等典型零件的工艺分析、编程、加工、检测等操作，使学生熟悉铣削刀具及加工参数的选用、加工方案的制订、装夹方式的选择、基本指令的应用及实际操作等方面的知识，并最终实现本课程的教学目标。

2.3.1　钻孔类零件工艺设计与加工实训

【能力目标】

通过钻孔类零件的加工，学生可掌握固定循环中孔系加工指令的功能及应用，掌握 FANUC OI 系统中孔加工循环指令的功能及编程格式。

【知识目标】

①掌握孔加工循环的动作。

②掌握孔加工的工艺路线的设定。

③正确及熟练应用钻孔循环编程格式。

④明确加工过程中切削用量的选择。

【实训内容】

1. 零件图

零件图见图 2.62。

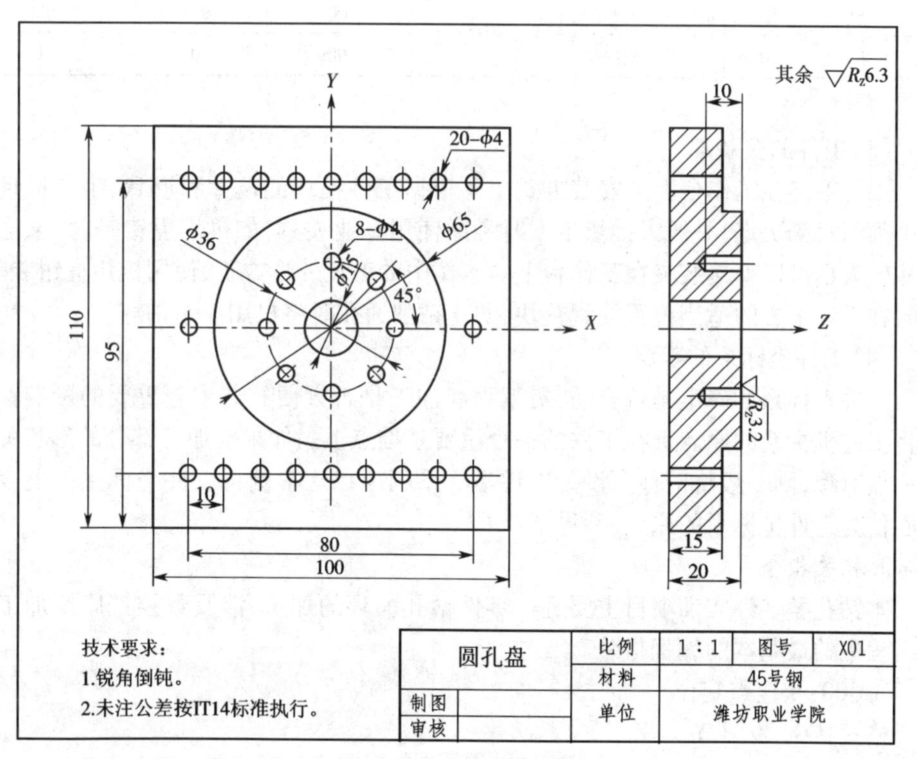

图 2.62　圆孔盘零件图

2. 工艺路线分析

(1)零件图的分析

该工件材料为45号钢,切削性能较好,且孔直径尺寸精度要求不高,可以一次完成钻削加工。孔的位置没有特别要求,可以按照图2.62的基本尺寸进行编程。环形分布的孔为盲孔,当钻到孔底部时应使刀具在孔底停留一段时间;由于孔的深度较深,应使刀具在钻削过程中适当退刀,以利于排除切屑。

(2)加工方案和刀具选择

工件上要加工的孔共28个,先切削环形分布的8个孔,钻完第一个孔后刀具退到孔上方1 mm处,再快速定位到第二个孔上方继续切削第二个孔,直到8个孔全钻完。然后将刀具快速定位到右上方线性分布第一个孔的上方,钻完第一个孔后刀具退到这个孔上方1 mm处,再快速定位到第二个孔上方继续钻完第二个孔,直到20个孔全钻完。根据上述所需主要加工尺寸确定所需刀具的种类及切削参数如表2.5所示。

表2.5 刀具选择及切削参数

序号	加工面	刀具号	刀具规格		转速 n ($r \cdot min^{-1}$)	余量	进给速度 V ($mm \cdot min^{-1}$)
			类型	材料			
1	ϕ4孔	T01	ϕ4 mm的高速麻花钻	硬质合金	1 000	0.1	40
2	ϕ4孔	T02	锪孔钻		1 000	0	40

(3)工件的安装

工件毛坯在工作台上的安装方式主要根据工件毛坯的尺寸和形状、生产批量的大小等因素来决定,一般大批量生产时考虑使用专业夹具,如机用虎钳等,如果毛坯尺寸较大也可以直接装夹在工作台上。本例中的毛坯外形方正,使用机用虎钳装夹,同时在毛坯下方的适当位置放置垫块,防止钻削通孔时将机用虎钳钻坏。

(4)工件坐标系的确定

工件坐标系的确定是否合适,对编程和加工是否方便有着十分重要的影响。一般将工件坐标系的原点选在工件的一个重要基准点上。如果要加工部分的形状关于某一点对称,则一般将对称点设为工件坐标系的原点。本例将工件坐标系的上表面中心作为工件坐标系的原点,参见图2.62。

3. 相关指令

本钻孔类零件实训项目主要进行零件钻孔循环的加工,涉及数控铣床及加工中心编程中的最基本的编程指令。

①G00:快速点定位。

格式:G00 X __ Y __ Z ;

②G82:钻孔循环指令。

格式:G82 X _ Y _ Z _ R _ P _ F _ K _;

其中:P 为刀具在孔底位置暂停时间,单位为 ms。

③G73:高速钻深孔循环指令。

格式 G73 X _ Y _ Z _ R _ Q _ F _ K _;

其中:Q 为每次进给的深度,为正值。

④G80:钻孔循环取消。

⑤G98、G99:刀具分别返回初始平面和参考平面。

4. 量具准备格式

0 ~ 150 mm 钢直尺一把,用于测量长度。

0 ~ 150 mm 游标卡尺一把,用于测量外圆、孔径及深度。

5. 参考程序

具体程序的编制方法很多,一般要求编制的程序规范、可读性强、修改方便。加工程序如下。

程序语句	说　明
O1001;	程序名
G90 G49 G80;	安全保护指令
G90 G54 G00 X100 Y100 Z100;	
G00 X18 Y0;	刀具定位第一个孔的上方
M03 S1000;	
G00 Z20 M08;	
G99 G82 Z-10 R3 P1000 F40;	钻第一个孔
X12.728;	
X0 Y18;	
X-12.728 Y12.728;	
X-18 Y0;	
X-12.728 Y-12.728;	
X-18 Y0;	
X-12.728 Y-12.728;	
X0 Y-18;	
G98 X12.728 Y-12.728;	钻孔结束后返回初始平面
G80;	第一次钻孔循环结束
G99 G73 X40 Y40 Z-22 R-4 Q-4 F40;	第二次循环钻第一个孔
X30;	
X20;	
X10;	
X0;	
X-10;	
X-20;	
X-30;	
X-40;	
Y0;	
Y-40;	

```
Y-30;
X-20;
X-10;
X0;
X10;
X20;
X30;
X40;
G98 Y0;                 钻孔结束后返回初始平面
G80 G09;                第二次钻孔循环结束,关闭切削液
M05;
G00 Z100;               刀具返回到程序起点
X100 Y100;
M30;
```

6.考核评价

①学生完成零件,各组交换检测,填写实训报告的相应内容。

②教师对零件外圆面及螺纹质量检测,并对实训报告的相应内容进行相应批改,对学生整个加工过程进行分析,对学生进行项目成绩的评定,并记录相应的评分表。

③收回所使用的刀夹量具,并做好相应的使用记录。

2.3.2　平面轮廓类零件工艺设计与加工实训

【能力目标】

本项目通过铣削平面类轮廓的加工,学生可熟悉平面轮廓类零件加工刀具的选用、加工工艺的制定、加工方法的选择、编程指令的运用、加工程序编制的注意事项等内容,同时掌握圆形零件的装夹及对刀方法。

【知识目标】

①掌握轮廓类零件的数控加工工艺设计方法。

②掌握圆弧插补的用法。

③掌握刀具半径补偿的用法。

④明确加工过程中切削用量的选择。

⑤了解数控铣床及加工中心的编程特点。

【实训内容】

1.零件图

工件毛坯选用 ϕ85 mm×30 mm 的圆柱件,材料为45号钢,零件图见图2.63。

2.工艺路线分析

(1)零件图的分析

该工件的材料为硬铝,切削性能较好,加工部分凸台的精度不高,可以按照图纸的基本尺寸进行编程,依次铣削完成。

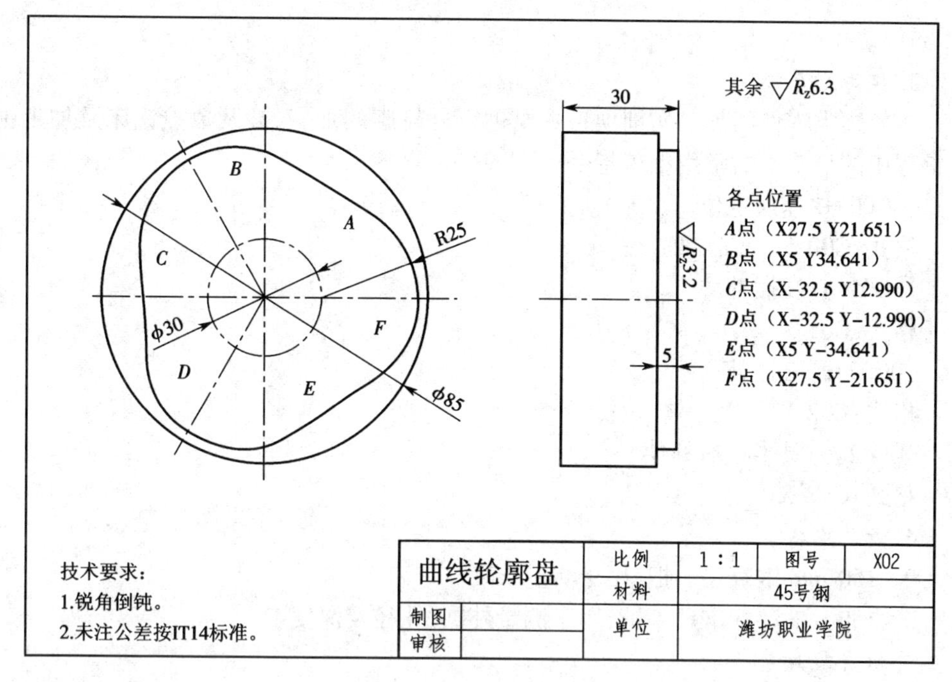

图 2.63　曲线轮廓盘零件图

(2)加工方案和刀具选择

由于凸台的高度是 5 mm,工件轮廓外的切削余量不均匀,根据计算选用 $\phi 10$ mm 的圆柱形直柄铣刀,通过一次铣削成形凸台轮廓。根据上述所需主要加工尺寸确定所需刀具种类及切削参数如表 2.6 所示。

表 2.6　刀具选择及切削参数

序　号	加工面	刀具号	刀具规格		转速 n	余　量	进给速度 V
			类型	材料	($\mathrm{r \cdot min^{-1}}$)		($\mathrm{mm \cdot min^{-1}}$)
1	凸台外轮廓	T01	$\phi 10$ 直柄立铣刀	硬质合金	800	0.1	60
2	凸台外轮廓	T01	$\phi 10$ 直柄立铣刀		800	0	80

(3)工件的安装

本例工件毛坯的外形是圆柱体,为使其定位和装夹准确可靠,选择两块 V 形铁和机用虎钳进行装夹。

(4)工件坐标系的确定

圆形工件一般将工件坐标系的原点选在圆心上,由于本例的加工轮廓关于圆心和 X 轴有一定的对称性,所以将工件的上表面中心作为工件坐标系的原点。

根据计算,图 2.63 中轮廓上各点的坐标分别是:A(27.5,21.651);B(5,34.641);C(−32.5,12.990);D(−32.5,−12.990);E(5,−34.641);F(27.5,−

21.651)。

3. 相关指令

本轮廓类零件的加工实训项目主要进行外轮廓的加工,涉及数控铣床及加工中心编程中的最基本的常用编程指令。

①G00:快速点定位。

格式:G00 X __ Y __ Z __;

②G01:直线插补。

格式:G01 X __ Y __ Z __ F __;

③G02:圆弧插补。

格式:G02 X __ Y __ R __ ;

④G42:刀具半径右补偿。

格式:G42 X __ Y __ D __;

4. 量具准备

0～150 mm 钢直尺一把,用于测量长度。

0～150 mm 游标卡尺一把,用于测量外圆、孔径及深度。

5. 参考程序

编制轮廓加工程序时,不但要选择合理的切入、切出点和切入、切出方向,还要考虑轮廓的公差带范围,尽可能使用公称尺寸来编程,所以将尺寸偏差使用刀具半径补偿来调节。但如果轮廓上不同尺寸的公差带不在轮廓的同一侧,就应根据标注的尺寸公差选择准确合理的编程轮廓。参考程序如下。

程序语句	说　明
O1002;	
G90 G40 49; ( )	安全保护指令
G54 G00 X50 Y20 Z50;	
M03 S800;	
G42 G01 X27.5 Y21.651 F60 D01;	建立刀具补偿,切向轮廓上第一点(*A* 点)
G01 Z-5 F60;	
X5 Y34.641;	切向轮廓 *B* 点
G03 X-32.5Y12.990 R25;	切向轮廓 *C* 点
G01 Y-12.990;	切向轮廓 *D* 点
G03 X5 Y-34.641 R25;	切向轮廓 *E* 点
G01 X27.5 Y-21.651;	切向轮廓 *F* 点
G03 Y21.651 R25;	切到 *A* 点,轮廓封闭
G01 G40 X30 Y40;	取消刀具半径补偿
G00 Z50;	
M05;	主轴停
M30;	程序结束,复位

6. 考核评价

①学生完成零件加工,各组交换检测,填写实训报告的相应内容。

②教师对零件外圆面及螺纹质量检测,并对实训报告的相应内容进行相应批改,对学生整个加工过程进行分析,对学生进行项目成绩的评定,并记录相应的评分表。

③收回所使用的刀夹量具,并做好相应的使用记录。

2.3.3　子程序铣削加工实训

【能力目标】

本项目通过子程序的编制,使学生通过调用子程序指令明确子程序的应用特点及编程格式,熟悉中等复杂零件的数控加工程序编制。

【知识目标】

①掌握子程序应用特点及编程格式。

②掌握圆弧插补的用法。

③掌握刀具半径补偿的用法。

④明确加工过程中切削用量的选择。

【实训内容】

1. 零件图

零件图见图 2.64。

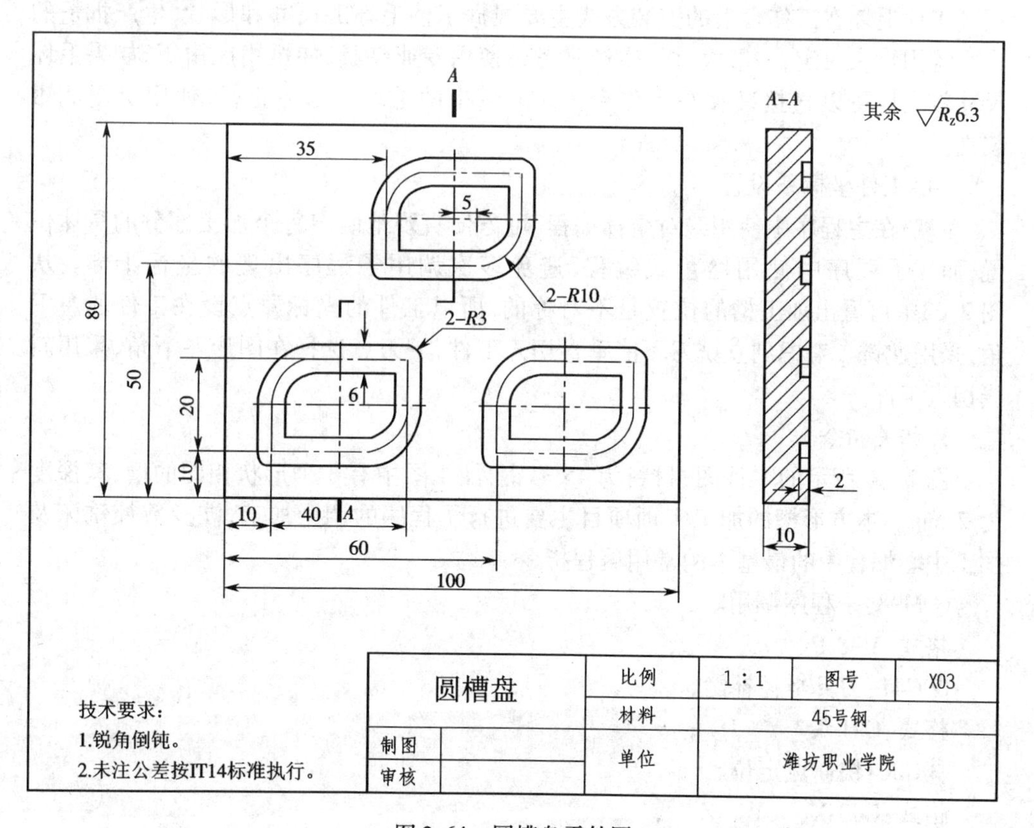

图 2.64　圆槽盘零件图

2. 工艺路线分析

(1)零件图的分析

该工件的材料为硬铝,切削性能较好,加工矩形圆槽部分的精度不高,要加工的槽共有三个完全相同的图案,仔细分析可知可以把其中一个图案的加工程序作为子程序,在主程序中调用 3 次。

(2)加工方案和刀具选择

由于矩形圆槽的过渡圆弧半径为 $R3$,故选择直径为 $\phi6$ 的直柄键槽铣刀。根据上述所需主要加工尺寸确定所需刀具种类及切削参数如表 2.7 所示。

表 2.7　刀具选择及切削参数

序　号	加工面	刀具号	刀具规格		转速 n	进给速度 V
			类型	材料	$(r \cdot min^{-1})$	$(mm \cdot min^{-1})$
1	矩形圆槽	T01	$\phi6$ 直柄键槽铣刀	硬质合金	1 000	100

(3)工件的安装

工件毛坯在工作台上的安装方式主要根据工件毛坯的尺寸和形状、生产批量的大小等因素来决定,一般大批量生产时考虑使用专业夹具,如机用虎钳等,如果毛坯尺寸较大也可以直接装夹在工作台上。本例中的毛坯外形方正,可使用机用虎钳装夹。

(4)工件坐标系设置

一般在主程序中使用绝对坐标编程,可方便直观地确定每个加工部分的具体位置,而在子程序中使用增量式编程,避免多次调用子程序出现的坐标干涉。从图 2.63中可看出加工槽的位置是不对称的,所以工件的坐标原点设在工件的左下角,采用逆铣。考虑到立铣刀不能垂直切入工件,下刀点选择在图形左下角,采用斜线切入工件。

3. 相关指令

图 2.64 所示的零件图,材料为 45 号钢,加工图中有 3 个形状相同的槽,其深度为 2 mm。本方形槽的加工实训项目主要进行子程序的调用加工,涉及数控铣床及加工中心编程中的最基本的常用编程指令。

①M98:子程序调用。

格式:M98 P _;

②G41:刀具半径补偿。

格式:G41 X _ Y _ D _;

③G00:快速点定位。

格式:G00 X __ Y __Z __;

④G01:直线插补。

格式:G01 X __ Y __Z __F __;

⑤G02:圆弧插补。

格式:G02 X __ Y __R _ ;

4. 量具准备

0 ~150 mm 钢直尺一把,用于测量长度。

0 ~150 mm 游标卡尺一把,用于测量外圆、孔径及深度。

5. 参考程序

参考程序如下。

程序语句	说　明
O1003;	程序名
G90 G40,G49	
G90 G54 G00 X0 Y0 Z50	设置编程原点
M03 S800	
G00 X10 Y20 Z2	快速定位到 X10 Y20
M98 P8080	调用子程序 P8080 加工槽 1
G00 X60 Y20	快进到 X60 Y20
M98 P8080	调用子程序 P8080 加工槽 2
G00 X35 Y60	快进到 X35 Y60
M98 P8080	调用子程序 P8080 加工槽 3
G00 Z150	
X0 Y0	
M05	
M30	程序结束
O8080;	子程序名
G91	增量编程
G01 Y -10 Z -4 F100	刀具 Z 向斜线下刀
G01 X30	
G03 X10 Y10 R10	
G01 Y10	
X -30	
G03 X -10 Y -10 R10	
G01 Y -10	
Z4	刀具 Z 向退刀到工件表面 2 mm 处
G90	绝对编程
M99	子程序结束,返回主程序

6. 考核评价

①各组学生独立完成零件加工,并交换检测,填写实训报告的相应内容。

②教师对零件进行检测,并对实训报告的相应内容进行相应批改,对学生整个加工过程进行分析,对学生进行项目成绩的评定,并记录相应的评分表。

③收回所使用的刀夹量具,并做好相应的使用记录。

2.3.4 圆槽及腰形通孔零件工艺设计与加工实训

【能力目标】

通过圆槽及腰形通孔的数控制造工艺设计与程序编制，使学生具备编制圆弧插补、腰形通孔及圆槽的数控手工编程与加工能力。

【知识目标】

①掌握槽类零件的数控加工工艺设计方法。

②掌握圆弧插补的用法。

③掌握刀具半径补偿的用法。

④明确加工过程中切削用量的选择。

⑤了解数控铣床及加工中心的编程特点。

【实训内容】

1. 零件图

根据FANUC数控系统的程序格式，编制图2.65所示图形的加工程序。

如图2.65所示零件，假设中间$\phi28$的圆孔与外圆$\phi130$已经加工完成，现需要在数控机床上铣出直径$\phi120$、$\phi40$、深5 mm的圆环槽和7个腰形通孔。

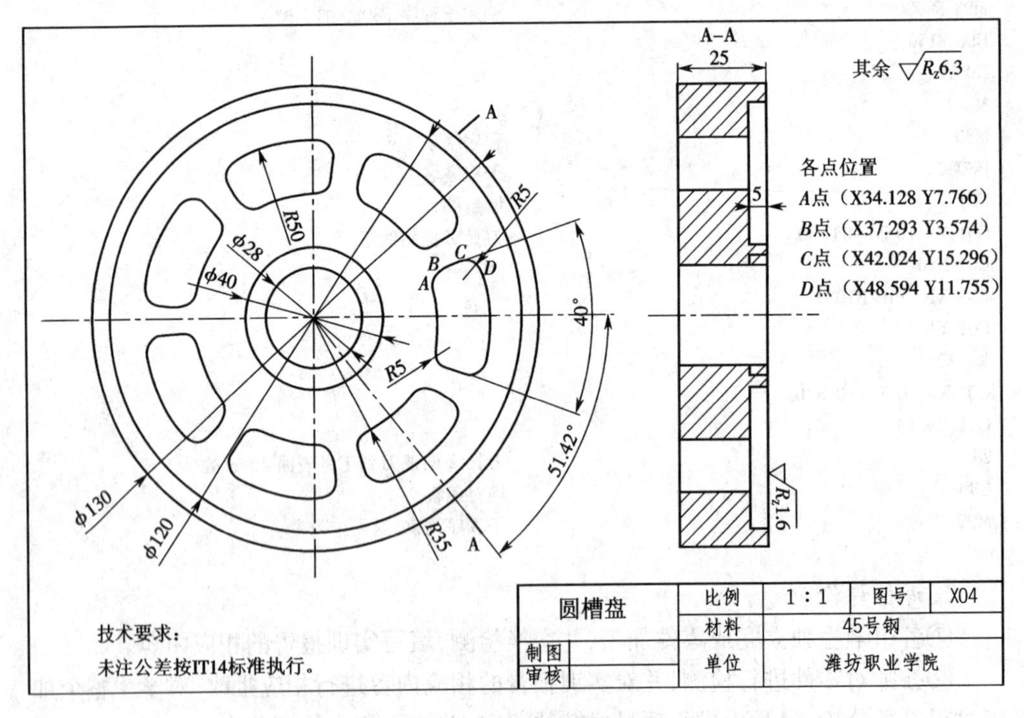

图2.65 圆槽盘零件图

2. 工艺路线分析

(1)工艺分析

根据工件的形状尺寸特点,确定以中心内孔和外形装夹定位,先加工圆环槽,再铣7个腰形通孔。

铣圆环槽方法:采用 ϕ20 mm 的铣刀,按 ϕ120 的圆形轨迹编程,采用逐步加大刀具半径补偿的方法,一直到铣出 ϕ40 的圆为止。

铣腰形通孔方法:采用 $\phi8 \sim \phi10$ mm 的铣刀,以正右方的腰形槽为基本图形编程,并且在深度方向上分三次进刀切削,其余6个槽孔则通过旋转变换功能铣出。由于腰形槽孔宽度与刀具尺寸的关系,只需沿槽形周围切削一周即可全部完成,不须要再改变径向刀补重复进行。如图2.66(a)所示,现已计算出正右方槽孔的主要节点的坐标分别为:A(34.128,7.766)、B(37.293,3.574)、C(42.024,15.296)、D(48.594,11.775)。

(2)确定编程原点、对刀位置及对刀方法

根据工艺分析,工件坐标原点 $X0$、$Y0$ 设在基准上面的中心,$Z0$ 设在上表面。编程原点确定后,编程坐标、对刀位置与工件原点重合,对刀方法选用手动对刀,方法如下。

①先下刀到圆形工件的左侧,手动、步进调整机床至刀具接触工件左侧面,记下此时的坐标 $X1$;手动沿 Z 向提刀,在保持 Y 坐标不变的情形下,移动刀具到工件右侧,同样通过手动、步进调整步骤,使刀具接触工件右侧,记下此时的坐标 $X2$;计算出 $X3=(X1+X2)/2$ 的结果,此即 X 方向上的中心位置。对刀方式如图2.65(b)所示。

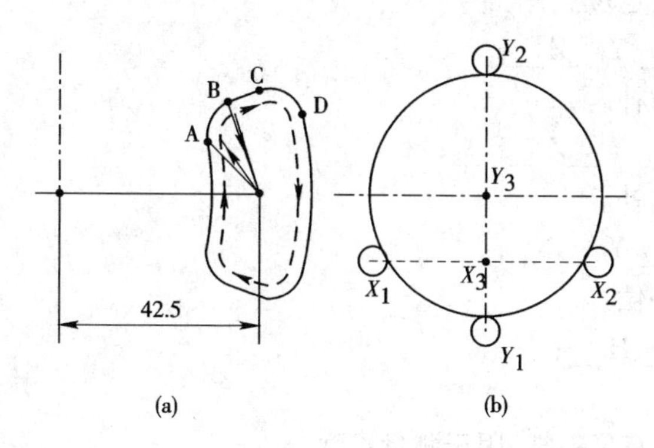

图2.66 走刀路线

(a)切削路线;(b)对刀方式

②用同样的方法,移动调整到刀具接触前表面,记下坐标 $Y1$;在保持 X 坐标不变的前提下,移动调整到刀具接触后表面,记下坐标 $Y2$;最后移动调整到刀具落在 $Y3=(Y1+Y2)/2$ 的位置上,此即圆形工件圆心的位置。

③用手动/步进方法沿 Z 方向移动调整至刀具接触工件上表面,此时的数值即是 $Z0$。

④用MDI方法执行指令“G90 G54 G0X0 Y0 Z0;”,则当前点即为工件原点;然后,提刀至工件坐标高度 $Z=25.0$ 的位置处。至此对刀完成,所需刀具种类及切削参数选择如表2.8所示。

表2.8　刀具选择及切削参数

序　号	加工面	刀具号	刀具规格		转速 n	进给速度 V
			类型	材料	$(r \cdot min^{-1})$	$(mm \cdot min^{-1})$
1	圆环槽	T01	ϕ20 立铣刀	硬质合金	800	150
2	腰形通孔	T02	ϕ10 立铣刀		800	80

3. 相关指令

本圆槽及腰形通孔的加工实训项目主要进行圆孔、腰形沟槽面的加工,涉及数控铣床及加工中心编程中的最基本的常用编程指令。

①M98:子程序调用。

格式:M98 P _;

②G41:刀具半径补偿。

格式:G41 X _ Y _ D _;

③T:换刀指令。

格式:T ;

④G00:快速点定位。

格式:G00 X __ Y __Z __;

⑤G01:直线插补。

格式:G01 X __ Y __Z __F __;

⑥G02:圆弧插补。

格式:G02 X __ Y __R _ ;

⑦G43:长度补偿。

格式:G43 Z __ H __;

4. 量具准备

0～150 mm钢直尺一把,用于测量长度。

0～150 mm游标卡尺一把,用于测量外圆、孔径及深度。

5. 参考程序

采用FANUC 0I MATE系统对本实训项目进行编程,数控加工程序编制如下。

程序语句	说　明
O0010;	主程序名
G90 G17 G54 G40 G49 ;	设定机床初始状态
M03S800;	主轴正转,转速800 r/min

```
G90 G54 G43 Z5.0 H01;           建立坐标系,刀补加入
G00X0Z50.0;                     快速进刀
G00 X25.0 ;                     快速移动
G01 Z-5.0 F150;                 直线进给
G41 G01 X60.0 D01               刀补加入,应设置 D01=10
G03 I-60.0                      整圆铣削
G01 G40 X25.0                   取消刀补
G41 G01 X60.0 D02               刀补建立,设置 D02=20
G03 I-60 .0                     整圆铣削
G01 G40 X25.0                   取消刀补
G41 G01 X60.0 D03               刀补建立,设置 D03=30
G03 I-60.0;                     整圆铣削
G01 G40 X25.0;                  取消刀补
G00 Z50.0;                      快速抬刀
M05;                            暂停
M06T02;                         换刀
G90 G54 G43 Z5.0 H02 ;          坐标系建立,长度补偿加入
M03S800;                        主轴正转,转速 800 r/min
M98 P100;                       调用子程序
G68 X0 Y0 R51.43;               旋转加工第 2 个腰形通孔
M98 P100                        调用子程序
G68 X0 Y0 R102.86;              旋转加工第 3 个腰形通孔
M98 P100;                       调用子程序
G68 X0 Y0 R154.29;              旋转加工第 4 个腰形通孔
M98 P100;                       调用子程序
G68 X0 Y0 R205.72;              旋转加工第 5 个腰形通孔
M98 P100;                       调用子程序
G68 X0 Y0 R257.15;              旋转加工第 6 个腰形通孔
M98 P100 ;                      调用子程序
G68 X0 Y0 R308.57;              旋转加工第 7 个腰形通孔
M98 P100;                       调用子程序
G00 Z100.0;                     快速抬刀
G69;                            旋转取消
M05;                            主轴停止
M30;                            程序结束,复位
O0100;                          子程序名
G00 X42.5;                      快速移动
G01 Z-7.0 F100;                 直线进给
M98 P110;                       子程序调用
G01 Z-14.0;                     直线进给
M98 P110;                       子程序调用
G01 Z-20.0;                     直线进给到加工深度
M98 P110;                       子程序调用
G00 Z5.0                        快速抬刀
M99                             子程序结束,返回主程序
O0110;                          嵌套子程序名
```

```
G90 G54 G00X0Y0Z50.0;              坐标系建立,快速移动
G42X42.5D05;                       刀补建立
G01 X34.128 Y7.766F80;             直线进给
G02 X37.293 Y13.574 R5.0;          R5 圆弧加工
G01 X42.024 Y15.296;               直线进给
G02 X48.594 Y11.775 R5.0;          R5 圆弧加工
G02 Y-11.775 R50.0;                R50 圆弧加工
G02 X42.024 Y-15.296 R5.0;         R5 圆弧加工
G01 X37.293 Y-3.574 ;              直线进给
G03 X34.128 Y7.766 R35.0;          R35 圆弧加工
G02 X37.293 Y13.574 R5.0;          R5 圆弧加工
G40 G01 X42.5 Y0;                  取消刀补
M99;                               子程序结束,返回主程序
```

6. 考核评价

①各组学生独立完成零件加工,并交换检测,填写实训报告的相应内容。

②教师对零件进行检测,并对实训报告的相应内容进行相应批改,对学生整个加工过程进行分析,对学生进行项目成绩的评定,并记录相应的评分表。

③收回所使用的刀夹量具,并做好相应的使用记录。

2.3.5　外圆轮廓零件工艺设计与加工实训

【能力目标】

通过孔及外圆轮廓的数控制造工艺设计与程序编制,学生可具备编制孔及外圆轮廓的数控编程与加工能力。

【知识目标】

①掌握孔类零件的数控加工工艺设计方法。

②掌握圆弧插补的用法。

③掌握刀具半径补偿的用法。

④明确加工过程中切削用量的选择。

⑤了解数控铣床及加工中心的编程特点。

【实训内容】

1. 零件图

如图2.67所示零件,毛坯原尺寸(长×宽×高)为170 mm×110 mm×50 mm,现下底面和外轮廓均已加工完,要求加工该零件的上表面、所有孔及$\phi 60$圆。

2. 工艺路线分析

(1)工艺分析

由图2.67可知该零件主要由平面、孔系及外圆组成,其装夹采用虎钳夹紧;零件的中心为工件坐标系原点,Z轴原点坐标在工件上表面。

铣上表面方法:采用$\phi 20$ mm的铣刀,采用回字形的方法,一直到铣出$\phi 40$尺寸

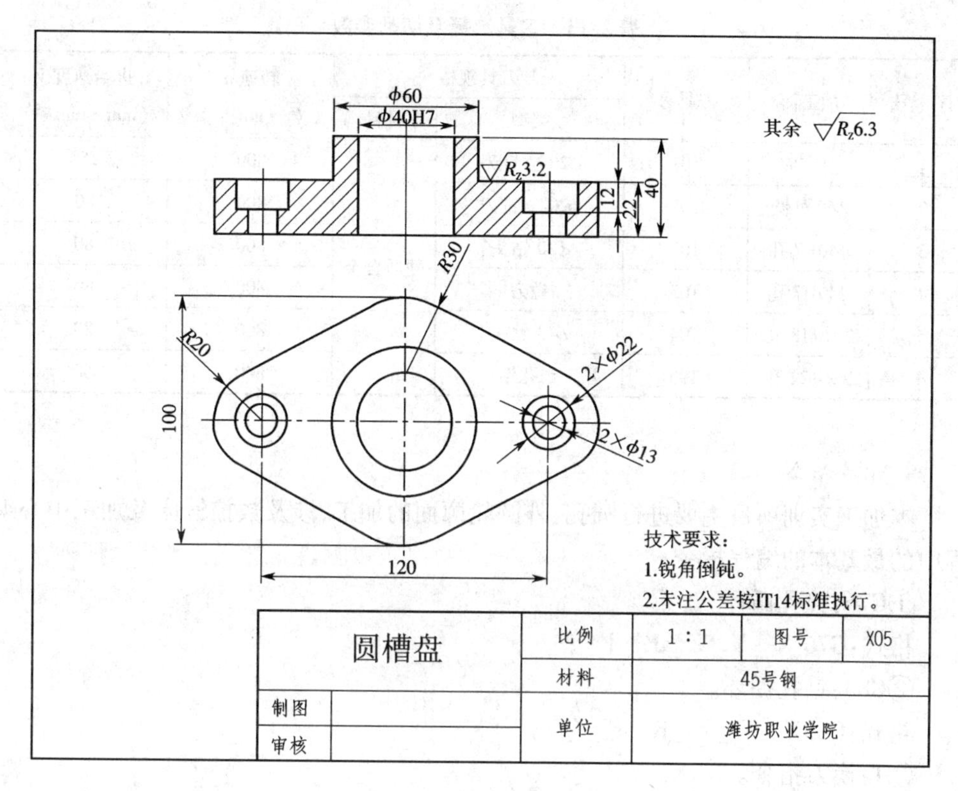

图 2.67　圆槽盘零件图

为止。

铣削 $\phi60$ 外圆方法：采用 $\phi20$ mm 的铣刀，利用逐步加大圆直径改变刀补半径的方法铣出 $\phi60$ 尺寸。

孔系加工方法：先用 $\phi20$ 的钻头钻 $\phi40H7$ 底孔，然后用镗刀镗出 $\phi40H7$ 孔，用 $\phi13$ 钻头钻出 $2\times\phi13$ 孔，最后用锪孔钻锪出 $2\times\phi22$ 孔。

(2)确定编程原点、对刀位置及对刀方法

根据工艺分析，工件坐标原点 *X*0、*Y*0 设在基准上面的中心，*Z*0 设在上表面。编程原点确定后，编程坐标、对刀位置与工件原点重合，对刀方法选用手动对刀，所需刀具种类及切削参数选择如表 2.13 所示。

表 2.13　刀具选择及切削参数

序　号	加工面	刀具号	刀具规格		转速 n	进给速度 V
			类型	材料	(r·min⁻¹)	(mm·min⁻¹)
1	上表面	T01	φ20 立铣刀	硬质合金	800	150
2	φ60 外圆	T01	φ20 立铣刀		800	80
3	φ40H7 孔	T02	φ20 钻头		800	80
4	φ40H7 孔	T03	镗刀		800	80
5	2×φ13 孔	T04	φ13 钻头		800	80
6	2×φ22 孔	T05	锪孔钻		800	60

3. 相关指令

本加工实训项目主要进行圆孔、外圆轮廓面的加工,涉及数控铣床及加工中心编程中的最基本的编程指令。

①G76:镗孔循环。

格式:G76 X _ Y _ Z _ R _ F _;

②G83:钻孔循环。

格式:G83X _ Y _ Z _ R _ F _ Q _;

③T:换刀指令。

格式:T ;

④G00:快速点定位。

格式:G00 X __ Y __ Z __;

⑤G01:直线插补。

格式:G01 X __ Y __ Z __ F __;

⑥G03:圆弧插补。

格式:G03 X __ Y __ R _ ;

⑦G43:长度补偿。

格式:G43 Z __ H __;

4. 量具准备

0 ~ 150 mm 钢直尺一把,用于测量长度。

0 ~ 150 mm 游标卡尺一把,用于测量外圆、孔径及深度。

5. 参考程序

采用 FANUC 0I MATE 系统对本实训项目进行编程,数控加工程序编制如下。

程序语句	说　明
O0020;	主程序名
G90 G17 G54 G40 G49 ;	设定机床初始状态

M03 S800	主轴正转,转速 800 r/min
G90 G54 G43 Z5.0 H01	坐标系建立,刀补加入
G00X0Y0Z50.0;	快速移动
G00 X40.0 ;	
G01 Z-10.0 F150;	直线进给
G03 I-40.0	正圆铣削
G01 X60.0	直线进给
G03 I-60 .0	正圆铣削
G01 X75.0	直线进给
G03 I-75.0;	正圆铣削
G00 X40.0 ;	快速移动
G01 Z-18.0 F150;	直线进给到加工深度
G03 I-40.0	正圆铣削
G01 X60.0	直线进给
G03 I-60 .0	正圆铣削
G01 X75.0	直线进给
G03 I-75.0;	正圆铣削
G00 Z50.0;	快速移动
M05;	主轴停
M06 T02;	换刀
G90 G54 G43 Z5.0 H02 ;	坐标系建立,刀补加入
M03 S800;	主轴正转,转速 800 r/min
G98 G83 X0 Y0 R5. Z-45. Q5.0 F80;	钻孔铣削
G80 G49 Z10.;	取消固定循环
M05	主轴停止
M06 T03;	换三号刀
G90 G54 G43 Z5.0 H03 ;	坐标系设定,刀补加入
M03 S800;	主轴正转,转速 800 r/min
G98 G76 X0 Y0 Z-45. R5.0 F60;	镗孔循环
G80 G49 Z10.;	取消固定循环,取消刀补
M05	主轴停止
M06 T04;	换四号刀
G90 G54 G43 Z5.0 H04 ;	坐标系设定,刀补加入
M03 S800;	主轴正转,转速 800 r/min
G98 G83 X60 .0Y0 R5. Z-45. F60;	钻孔循环
X-60. Y0;	钻孔
G80 G49 Z10.;	取消固定循环,取消刀补
M05	主轴停止
M06 T05;	换五号刀
G90 G54 G43 Z5.0 H05;	坐标系设定,刀补加入
M03 S800;	主轴正转,转速 800 r/min
G98 G83 X60.0 Y0 R5. Z-30. R 5.0 F60;	钻孔循环
X-60.0 Y0	钻孔
G80 G49 Z10.;	取消固定循环,取消刀补
M05;	主轴停止
M30;	程序结束,复位

6. 考核评价

①各组学生独立完成零件加工，并交换检测，填写实训报告的相应内容。

②教师对零件进行检测，并对实训报告的相应内容进行相应批改，对学生整个加工过程进行分析，对学生进行项目成绩的评定，并记录相应的评分表。

③收回所使用的刀夹量具，并做好相应的使用记录。

项目三　特种设备编程与操作实训

特种设备编程与操作实训项目是模具设计专业的基本实训内容。本实训包括数控线切割实训和电火花成形机实训两部分，通过此部分的实训使得学生在掌握以往所学模具设计制造知识的基础上，结合南京东大数控设备有限公司生产的DK7740线切割机床和北京迪蒙卡特有限公司生产的CTE－ZK电火花成形机，对模具加工制造的特种加工设备的安全操作规程和维护保养、基本结构、基本操作、零件装夹及数控编程基础进行系统、全面的实训操作。

任务3.1　数控线切割机床操作及其自动编程实训

【能力目标】

通过数控线切割机床操作及其自动编程实训项目，学生可初步掌握DK7740型电火花线切割机床的操作，并具备利用YH线切割控制系统进行中等加工难度零件自动编程的能力。

【知识目标】

①了解数控线切割加工原理、特点及应用。

②了解数控电火花线切割机床的分类、参数及结构。

③初步掌握数控线切割电加工参数的选择。

④掌握工件的装夹和找正方法。

⑤掌握YH数控线切割自动编程控制系统的使用。

⑥掌握数控线切割机床的操作流程。

【实训内容】

1. 工作任务

利用YH线切割控制系统进行如图3.1所示五角星外形零件的加工。

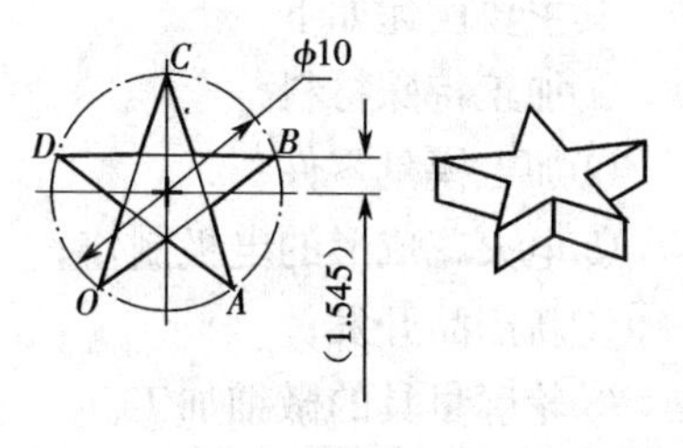

图3.1　零件图

2. 相关知识

(1)线切割技术简介

电火花线切割加工(Wire Cut Electrical Discharge Machining，简称WEDM)是在电火花加工的基础上，于20世纪50年代末最早在苏联发展起来的一种新的工艺形式，它是利用丝状电极(钼丝或铜丝)靠火花放电对工件进行切割，简称线切割。

1)加工原理

电火花线切割加工的基本原理是利用快速移动的电极丝,对工件进行脉冲火花放电,腐蚀工件表面,使工件材料局部熔化和气化,从而达到切割工件、去除材料的目的。其原理如图 3.2 所示。

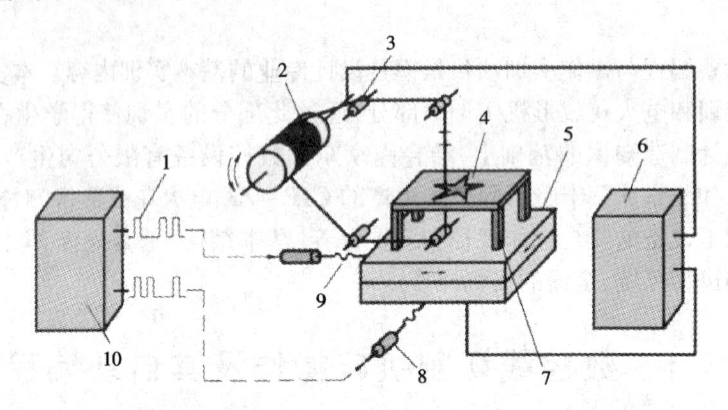

图 3.2 线切割原理

1—电脉冲信号;2—储丝筒;3—导轮;4—工件;5—切割台;6—脉冲电源;
7—垫铁;8—步进电机;9—丝杠;10—微机控制柜

2)主要特点

加工材料:导电材料,不受材料硬度的无韧性影响。

加工对象:可以加工复杂形状的平面图形、异形孔、窄缝等。

电极:不需特制电极。

余量:余量少,能有效地节约贵重金属。

3)应用领域

电火花线切割加工的应用领域日益扩大,目前已广泛应用于机械(特别是模具制造)、航空、宇航、电子、仪器仪表、汽车、轻工等行业。零件加工样品如图 3.3 所示。

其主要用途如下:

①加工特殊材料;

②加工模具零件;

③电火花成形的电极制作;

④新产品开发;

⑤轮廓量具的微细加工。

(2)电火花线切割机床

根据电极丝走丝方式的不同,数控线切割机床分为快走丝线切割机床和慢走丝线切割机床。两者的特点对比如表 3.1 所示。

图 3.3　电火花线切割加工的精密零件

表 3.1　快、慢走丝线切割机床对比

线切割机床类型	快走丝	慢走丝
电极丝运行速度	300 ~ 700 m/min	0.5 ~ 15 m/min
电极丝运动形式	双向往复运动	单向运动
常用电极丝材料	钼丝(ϕ0.1 ~ ϕ0.2 mm)	铜、钨、钼及各种合金(ϕ0.1 ~ ϕ0.35 mm)
工作液	乳化液或皂化液	去离子水、煤油
尺寸精度	0.015 ~ 0.02 mm	±0.001 mm
表面粗糙度 R_a	1.25 ~ 2.5 μm	0.16 ~ 0.8 μm
设备成本	低廉	高昂

机床型号含义如图 3.4 所示。

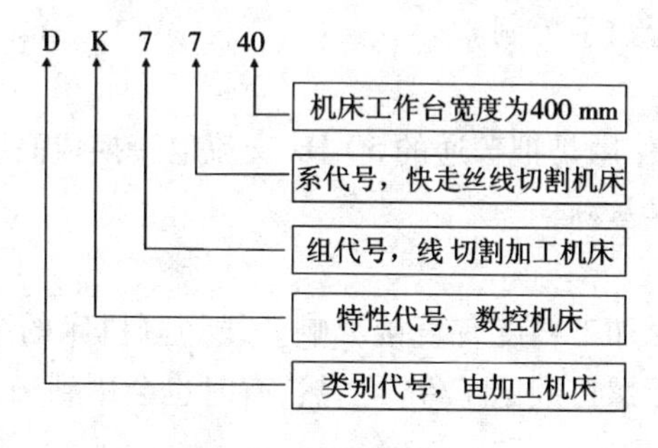

图 3.4　机床型号含义

(3)基本组成

数控电火花线切割加工机床可分为机床主体、控制台和脉冲电源 3 大部分。

1)机床主机

机床主机主要包括坐标工作台、运丝机构、丝架、冷却系统和床身 5 个部分。

图3.5为快走丝线切割机床主机示意图。

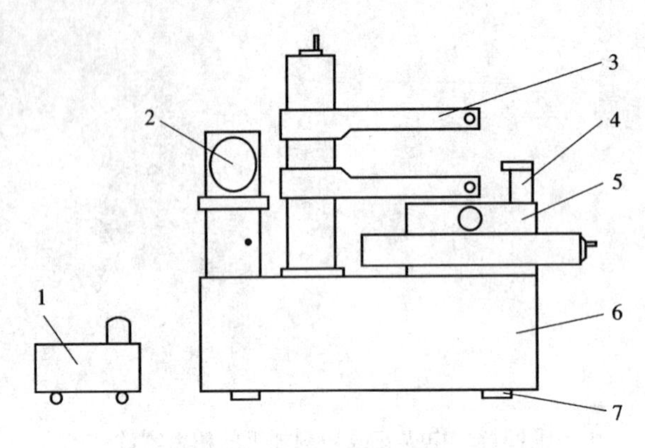

图3.5　快走丝线切割机床主机

1—工作液箱;2—储丝筒;3—丝架;4—夹具;

5—X、Y坐标工作台;6—床身;7—地脚

坐标工作台用来装夹被加工的工件,其运动分别由2个步进电机控制。

运丝机构用来控制电极丝与工件之间产生相对运动。

丝架与运丝机构一起构成电极丝的运动系统。它的功能主要是对电极丝起支撑作用,并使电极丝工作部分与工作台平面保持一定的几何角度,以满足各种工件(如带锥工件)的加工需要。

冷却系统用来提供有一定绝缘性能的工作介质——工作液,同时可对工件和电极丝进行冷却。

2)控制台

控制台中装有控制系统和自动编程系统,能在控制台中进行自动编程,并对机床坐标工作台的运动进行数字控制。

3)脉冲电源

又称高频电源,其作用是把普通的50 Hz交流电转换成高频单向脉冲电压。

3.线切割加工操作基础

(1)工件的装夹

工件的装夹形式对加工精度有直接影响。线切割机床的夹具比较简单,一般是在通用夹具上采用压板螺钉固定工件。当然,有时也会用到磁力夹具、旋转夹具或专用夹具。

工件装夹的一般要求如下。

①工件的基准表面应清洁无毛刺。对经热处理的工件,在穿丝孔内及扩孔的台阶处,要清除热处理残物及氧化皮。

②夹具应具有必要的精度,将其稳固地固定在工作台上,拧紧螺丝时用力要均匀。

③工件装夹的位置应有利于工件找正,并应与机床行程相适应,工作台移动时工件不得与丝架相碰。

④对工件的夹紧力要均匀,不得使工件变形或翘起。

⑤大批零件加工时,最好采用夹具,以提高生产效率。

(2)工件找正

将工件装夹好以后,还必须配合找正法进行调整,方能使工件的定位基准面分别与机床的工作台面和工作台的进给方向 X、Y 保持平行,以保证所切割的表面与基准面之间的相对位置精度。常用的找正方法有以下几种。

1)用百分表找正

如图 3.6 所示,用磁力表架将百分表固定在丝架或其他位置上,百分表的测量头与工件基面接触,往复移动工作台,按百分表指示值调整工件的位置,直至百分表指针的偏摆范围达到所要求的数值。找正应在相互垂直的三个方向上进行。

2)用划线法找正

工件的切割图形与定位基准之间的相互位置精度要求不高时,可采用划线法找正,如图 3.7 所示。利用固定在丝架上的划针对准工件上划出的基准线,往复移动工作台,目测划针、基准间的偏离情况,将工件调整到正确位置。

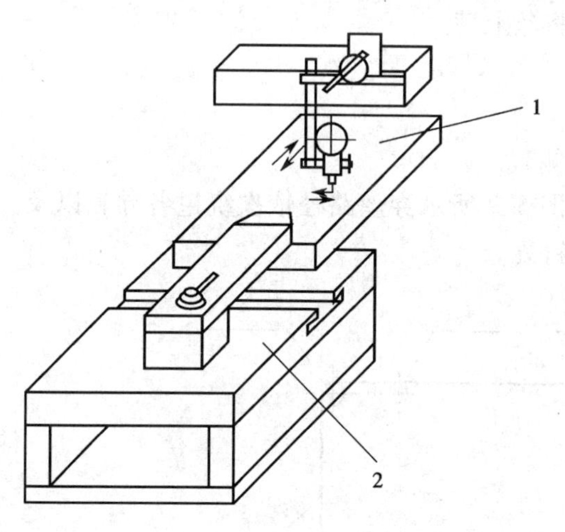

图 3.6　用百分表找正

1—工件;2—工作台

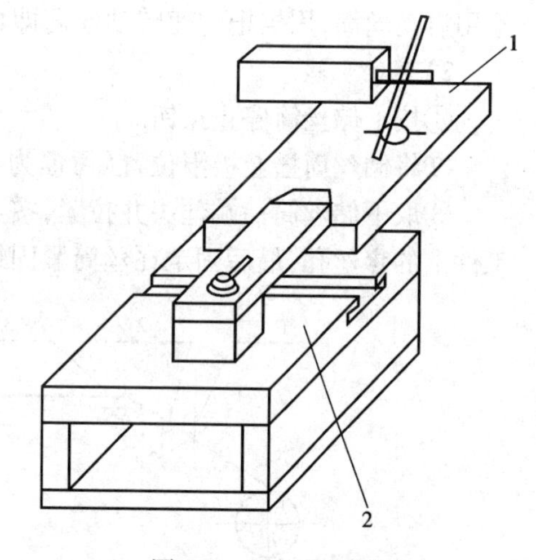

图 3.7　用划线法找正

1—工件;2—工作台

(3)快走丝机床上丝、穿丝操作

1)上丝步骤

上丝步骤如图 3.8 所示。

①将丝盘套在上丝架上,用螺母锁紧。

②储丝筒摇至极限位置或保留一段距离。

③电极丝一端绕过上丝导轮,并固定在储丝筒端部,剪掉多余丝头,拉紧电极丝。

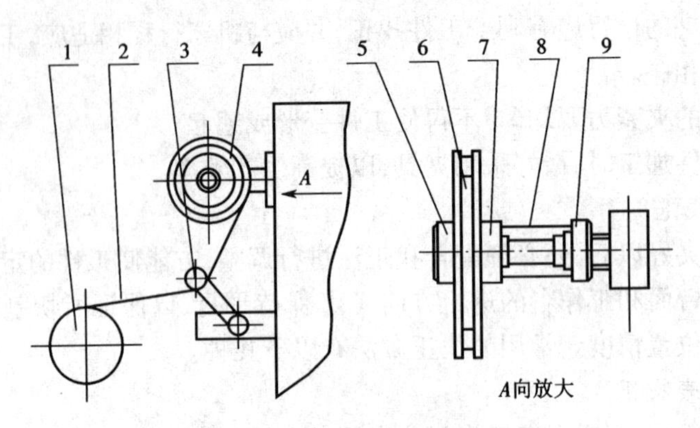

图3.8　上丝步骤

1—储丝筒;2—钼丝;3—排丝轮;4—上丝架;
5—螺母;6—钼丝盘;7—挡圈;8—弹簧;9—调节螺母

④转动储丝筒,将丝缠绕至10～15 mm宽度,取下摇把。

⑤调整储丝筒左右行程挡块,按运丝开按钮开始绕丝,钼丝自动缠绕在储丝筒上,达到要求后急停运丝电机,即可将电极丝装至储丝筒上。

⑥拉紧电极丝,剪掉多余电极丝并固定好丝头,便完成上丝过程。手动上丝时,不用启动丝筒,用摇把匀速转动丝筒即可将丝上满。

2)穿丝步骤

①按下储丝筒停止按钮。

②将储丝筒摇至极限位置(习惯为右侧)。

③取下储丝筒一端丝头并拉紧,按如图3.9所示穿丝路径依次绕过各导轮以及工件上的穿丝孔,最后固定在丝筒紧固螺钉处。

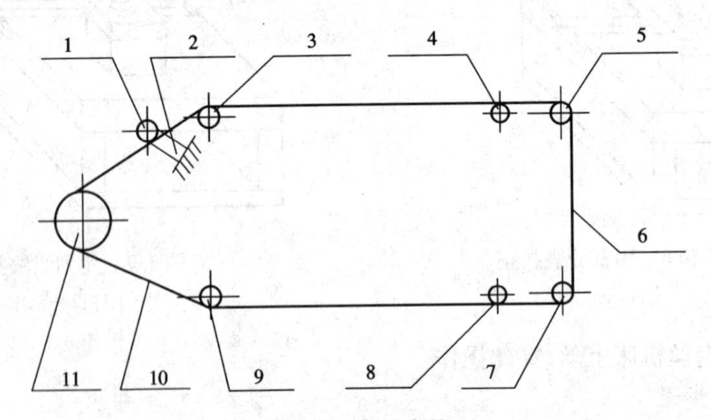

图3.9　穿丝步骤

1—上丝轮;2—断丝机构;3—排丝轮;4—导电块;5—导轮;6—切割区;
7—导轮;8—导电块;9—排丝轮;10—电极丝;11—储丝筒

④剪掉多余丝头,用摇把转动储丝筒,将丝缠绕至 10 ~ 15 mm 宽度。

⑤调整储丝筒左右行程挡块至合适位置,穿丝结束。

(4)电极丝找正

1)用电火花找正

找正块为一个六方体或类似六方体,如图 3. 10 所示。在校正电极丝垂直度时,首先目测电极丝的垂直度,若明显不垂直,则调节 X、Z 轴使电极丝大致垂直于工作台;然后将找正块放在工作台上,在弱加工条件下,将电极丝沿 X 方向缓缓移向找正块。

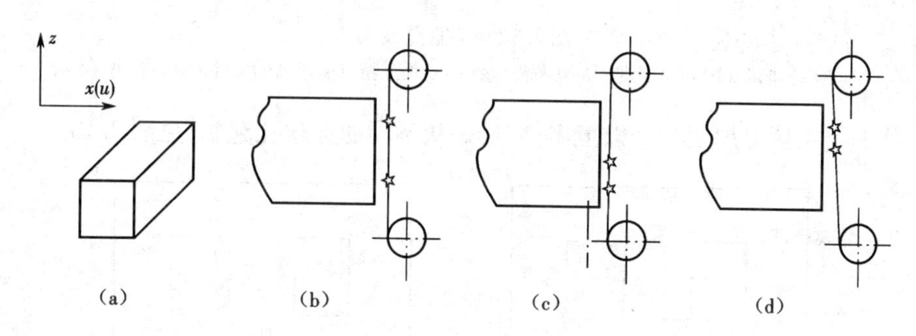

图 3. 10　电火花找正

(a)找正块;(b)垂直度较好;(c)垂直度较差(右倾);(d)垂直度较差(左倾)

2)用校正器进行校正

校正器是一个触点与指示灯构成的光电校正装置,电极丝与触点接触时指示灯亮。它的灵敏度较高,使用方便且直观,底座用耐磨不变形的大理石或花岗岩制成,如图 3. 11 所示。

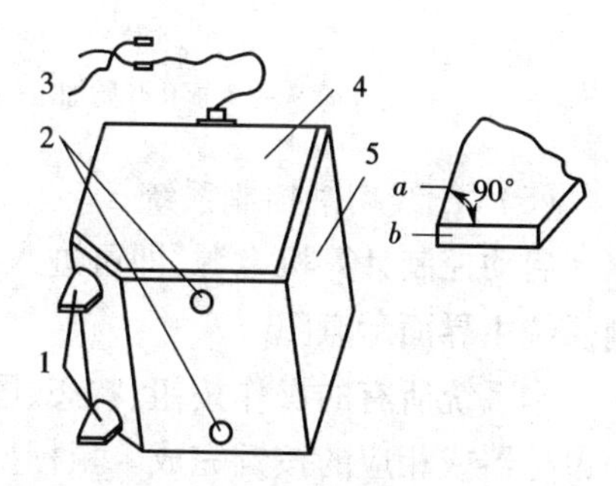

图 3. 11　利用校正器垂直找正

1—上、下测量头(a、b 为放大的测量面);
2—上、下指示灯;3—导线及夹具;
4—盖板;5—支座

(5)切割线路的确定

在加工中,为避免引起工件的变形,应合理选择加工路线。

一般情况,应将工件与其夹持部分分离的切割段安排在总切割程序的末端,并尽量采用穿丝加工以提高精度。

如图 3. 12(a)所示的切割路线是错误的,若按此加工,则在切割完前几段后继续加工时,由于原来主要连接的部位被割离,余下的材料与夹持部分连接较少,工件刚度大为降低,容易产生变形,从而影响加工精度。如按图 3. 12(b)所示的切割路线加工,可减少由于材料割离后残余应力重新分布而引起的变形。对精度要求较高的零件,最好采用图 3. 12(c)所示的方案,电极丝不由坯料的外部切入,而是将切割起点取在坯件预制的穿丝孔中。

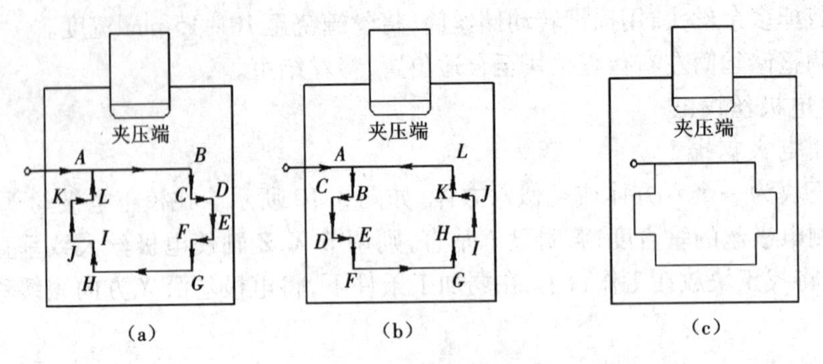

图 3.12 切割路线图

(a)错误;(b)可减少变形的切割路线;(c)对加工精度要求高的零件的切割路线

从一个毛坯上加工 2 个以上零件,最好从不同的穿丝孔起割,见图 3.13。

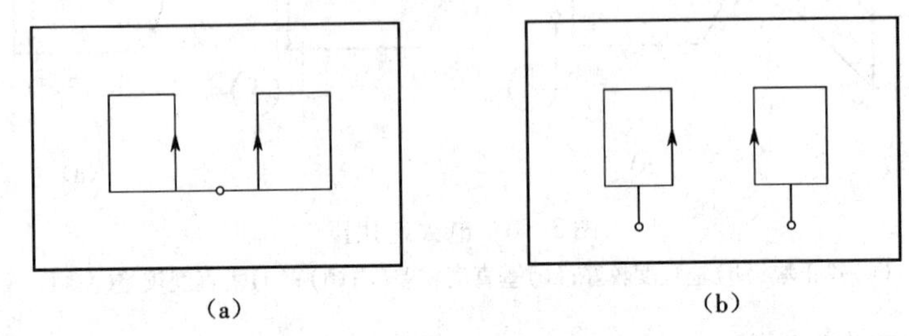

图 3.13 预孔对比

(a)从一个预孔开始加工(不正确);(b)从不同预孔开始加工(正确)

(6)YH 线切割控制系统

启动控制计算机电源,即可进入 YH 线切割控制系统,图 3.14 为 YH 线切割控制系统主界面示意图。

本系统所有的操作按钮、状态、图形显示全部在屏幕上实现。各种操作命令均可用鼠标器或相应的按键完成。鼠标操作时,可移动鼠标,使屏幕上显示的箭状光标指向选定的屏幕按钮或位置,然后用鼠标左键单击,即可选择相应的功能。现将各种控制功能介绍如下。

显示窗口——用来显示加工工件的图形轮廓、加工轨迹或相对坐标、加工代码。

显示窗口切换标志——用轨迹球单击该标志或按 F10 键,可改变显示窗口的内容。系统进入时,首先显示图形,以后每单击一次该标志,依次显示"相对坐标"、"加工代码"、"图形"……,其中相对坐标方式以大号字体显示当前加工代码的相对坐标。

间隙电压指示——显示放电间隙的平均电压波形(也可以设定为指针式电压表方式)。在波形显示方式下,指示器两边各有一条 10 等分线段,空载间隙电压定为 100%(满幅值),等分线段下端的黄色线段指示间隙短路电压的位置。波形显示的

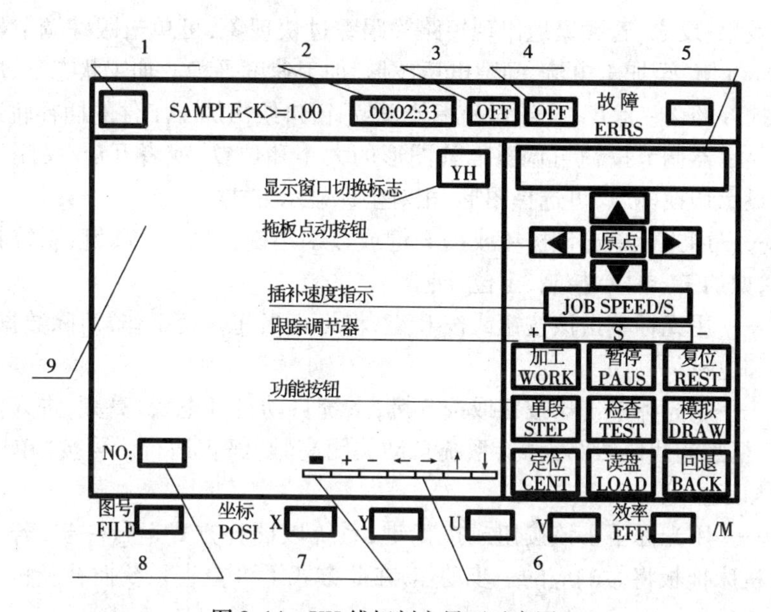

图 3.14　YH 线切割主界面示意图

1—窗口切换标志;2—计时牌;3—电机状态;4—高频状态;5—间隙电压指示;
6—图形显示调整钮;7—局部放大窗按钮;8—当前段显示号;9—显示窗口

上方有 2 个指示标志:短路回退标志“BACK”,该标志变红色,表示短路;短路率指示,表示间隙电压在设定短路值以下的百分比。

电机开关状态——在电机标志右边有状态指示标志 ON(红色)或 OFF(黄色)。ON 状态表示电机上电锁定(进给);OFF 状态为电机释放。用光标单击该标志可改变电机状态或用数字小键盘区的 Home 键。

高频开关状态——在脉冲波形图符右侧有高频电压指示标志。ON(红色)、OFF(黄色)表示高频的开启与关闭;用光标点该标志可改变高频状态(或用数字小键盘区的 Page Up 键)。在高频开启状态下,间隙电压指示将显示电压波形。

拖板点动按钮——屏幕右中部有上、下、左、右向 4 个箭标按钮,可用来控制机床点动运行。若电机为 ON 状态,光标单击这 4 个按钮可以控制机床按设定参数做 X、Y 或 U、V 方向点动或定长走步。在电机失电状态 OFF 下,单击移动按钮,仅用作坐标计数。

原点——用光标单击该按钮或按 I 键进入回原点功能。若电机为 ON 状态,系统将控制拖板和丝架回到加工起点(包括 $U-V$ 坐标),返回时取最短路径;若电机为 OFF 状态,则光标返回坐标系原点。

加工——工件安装完毕,程序准备就绪后(已模拟无误),可进入加工。用光标单击该按钮或按 W 键,系统进入自动加工方式。首先自动打开电机和高频,然后进行插补加工。此时,应注意屏幕上间隙电压指示器的间隙电压波形(平均波形)和加工电流。若加工电流过小且不稳定,可用光标单击跟踪调节器的 + 按钮或 End 键,加强跟踪效果;反之,若频繁地出现短路等跟踪过快现象,可单击跟踪调节器 - 按钮或 Page Down 键,至加工电流、间隙电压波形、加工速度平稳。加工状态下,屏幕下方显示当前插补的 $X-Y$、$U-V$ 绝对坐标值,显示窗口绘出加工工件的插补轨迹。显示窗下方的显示器调节按钮可调整插补图形的大小和位置,或者开启/关闭局部观察窗。点取显示切换标志,可选择图形/相对坐标显示方式。

暂停——用光标单击该按钮或按 P 键或数字小键盘区的 Del 键,系统将终止当前的功能,如加工、单段、控制、定位、回退。

复位——用光标单击该按钮或按 R 键,将终止当前一切工作,消除数据和图形,关闭高频和电机。

单段——用光标单击该按钮或按 S 键,系统自动打开电机、高频,进入插补工作状态,加工至当前代码段结束时,系统自动关闭高频,停止运行。再按"单段",继续进行下段加工。

检查——用光标单击该按钮或按 T 键,系统以插补方式运行一步,若电机处于 ON 状态,机床拖板将做响应的一步动作,在此方式下可检查系统插补及机床的功能是否正常。

模拟——模拟检查功能可检验代码及插补的正确性。在电机失电状态下(OFF 状态),系统以每秒 2 500 步的速度快速插补,并在屏幕上显示其轨迹及坐标。若在电机锁定状态下(ON 状态),机床空走插补,拖板将随之动作,可检查机床控制联动的精度及正确性。

定位——系统可依据机床参数设定,自动定中心及 $\pm X$、$\pm Y$ 共 4 个端面。

定位方式选择如下。

①用光标点取屏幕右中处的参数窗标志 OPEN 或按 O 键,屏幕上将弹出参数设定窗,可见其中有定位"LOCATION XOY"一项。

②将光标移至 XOY 处单击,将依次显示为 XOY、XMAX、XMIN、YMAX、YMIN。

③选定合适的定位方式后,用光标单击参数设定窗左下角的 CLOSE 标志。光标单击电机状态标志,使其成为 ON(若原为 ON 则可省略)。按"定位"钮或 C 键,系统将根据选定的方式自动进行对中心、定端面的操作。在钼丝遇到工件某一端面时,屏幕会在相应位置显示一条亮线。按"暂停"钮可中止定位操作。

读盘——将存有加工代码文件的软盘插入软驱中,用光标单击该按钮或按"L"键,屏幕将出现磁盘上存储全部代码文件名的数据窗。用光标指向需读取的文件名并单击该文件名背景变成黄色;然后用光标单击该数据窗左上角的"口"(撤销)按钮,系统自动读入选定的代码文件,并快速绘出图形。该数据窗的右边有上下 2 个三角标志(△)按钮,可用来向前或向后翻页,当代码文件不在第一页中显示时,可用翻页来选择。

回退——系统具有自动/手动回退功能 。在加工或单段加工中,一旦出现高频短路现象,系统即自动停止插补,若在设定的控制时间内(由机床参数设置),短路达到设定的次数,系统将自动回退。若在设定的控制时间内,短路仍不能消除,系统将自动切断高频,停机。

在系统静止状态(非"加工"或"单段"),按下"回退"钮或按 B 键,系统做回退运行,回退至当前段结束时,自动停止;若再按该按钮,则继续前一段的回退。

跟踪调节器——该调节器用来调节跟踪的速度和稳定性,调节器中间红色指针表示调节量的大小:表针向左移动,位跟踪加强(加速);表针向右移动,位跟踪减弱(减速)。指针表两侧有 2 个按钮, + 按钮或 Eed 键加速, - 按钮或 PgDn 键减速;调节器上方英文字母 JOB SPEED/S 后面的数字量表示加工的瞬时速度,单位为步/s。

段号显示——此处显示当前加工的代码段号,也可用光标点取该处,在弹出屏幕小键盘后,键入需要起割的段号。注意:锥度切割时,不能任意设置段号。

局部观察窗——单击该按钮或 F1 键,可在显示窗口的左上方打开一局部窗口,其中将显示放大 10 倍的当前插补轨迹;再按该按钮时,局部窗关闭。

图形显示调整按钮——这 6 个按钮有双重功能,在图形显示状态时,其功能依次为:

+或 F2 键:图形放大 1.2 倍;

-或 F3 键:图形缩小 0.8 倍;

←或 F4 键:图形向左移动 20 单位;

→或 F5 键:图形向右移动 20 单位;

↑或 F6 键:图形向上移动 20 单位;

↓或 F7 键:图形向下移动 20 单位。

坐标显示——屏幕下方"坐标"部分显示 X、Y、U、V 的绝对坐标值。

效率——此处显示加工的效率,单位为 mm/min;系统每加工完一条代码,即自动统计所用的时间,并求出效率。

YH 窗口切换——光标单击该标志或按 ESC 键,系统转换到绘图式编程屏幕。

图形显示的缩放及移动——在图形显示窗下有小按钮,从最左边算起分别为对称加工、平移加工、旋转加工和局部放大窗开启/关闭(仅在模拟或加工状态下有效),其余依次为放大、缩小、左移、右移、上移、下移,可根据需要选用这些功能,调整在显示窗口中图形的大小及位置。具体操作可用轨迹球点取相应的按钮,或从局部放大起直接按 F1、F2、F3、F4、F5、F6、F7 键。

代码的显示、编辑、存盘和倒置——用光标点取显示窗右上角的"显示切换标志"或 F10 键,显示窗依次为图形显示、相对坐标显示、代码显示(模拟、加工、单段工作时不能进入代码显示方式)。

在代码显示状态下用光标单击任一有效代码行,该行即点亮,系统进入编辑状态。显示调节功能钮上的标记符号变成 S、I、D、Q、↑、↓,各键的功能变换为:S——代码存盘;I——代码倒置(倒走代码变换);D——删除当前行(点亮行);Q——退出编辑状态;↑——向上翻页;↓——向下翻页。

在编辑状态下可对当前点亮行进行输入、删除操作(键盘输入数据)。编辑结束后按Q键退出,返回图形显示状态。

计时牌功能——系统在“加工”、“模拟”、“单段”工作时,自动打开计时牌。终止插补运行,计时自动停止。用光标单击计时牌,或按O键可将计时牌清零。

倒切割处理——读入代码后,单击“显示窗口切换标志”或按F10键,直至显示加工代码。移动鼠标指针在任一行代码处轻点一下,该行点亮。窗口下面的图形显示调整按钮标志转成S、I、D、Q等。按I钮,系统自动将代码倒置(上下异形件代码无此功能);按Q键退出,窗口返回图形显示。在右上角出现倒走标志V,表示代码已倒置,“加工”、“单段”、“模拟”以倒置方式工作。

断丝处理——加工遇到断丝时,可按“原点”拖板或按I键,将自动返回原点,锥度丝架也将自动回直。注意:断丝后切不可关闭电机,否则即将无法正确返回原点。若工件加工已将近结束,可将代码倒置后再行切割(反向切割)。

(7)YH线切割自动编程系统

在控制屏幕中用光标点取左上角的“YH”窗口切换标志或按ESC键,系统将转入编程屏幕,图3.15为YH自动编程系统界面示意图。

1. 点输入	·	2. 直线输入	—
3. 圆输入		4. 公切线/公切圆输入	
5. 椭圆输入		6. 抛物线输入	
7. 双曲线输入		8. 渐开线输入	
9. 摆线输入		10. 螺旋线输入	
11. 列表点输入		12. 任意函数方程输入	$f(x)$
13. 齿轮输入		14. 过渡圆输入	$\angle R$
15. 辅助圆输入		16. 辅助线输入	········
17. 删除线段		18. 询问	?
19. 清理		20. 重画	

图3.15 绘图式自动编程系统主界面

YH自动编程系统的操作集中在20个命令图标和4个弹出式菜单内。它们构成了系统的基本工作平台,如图3.16所示,在此平台上可进行绘图和自动编程。

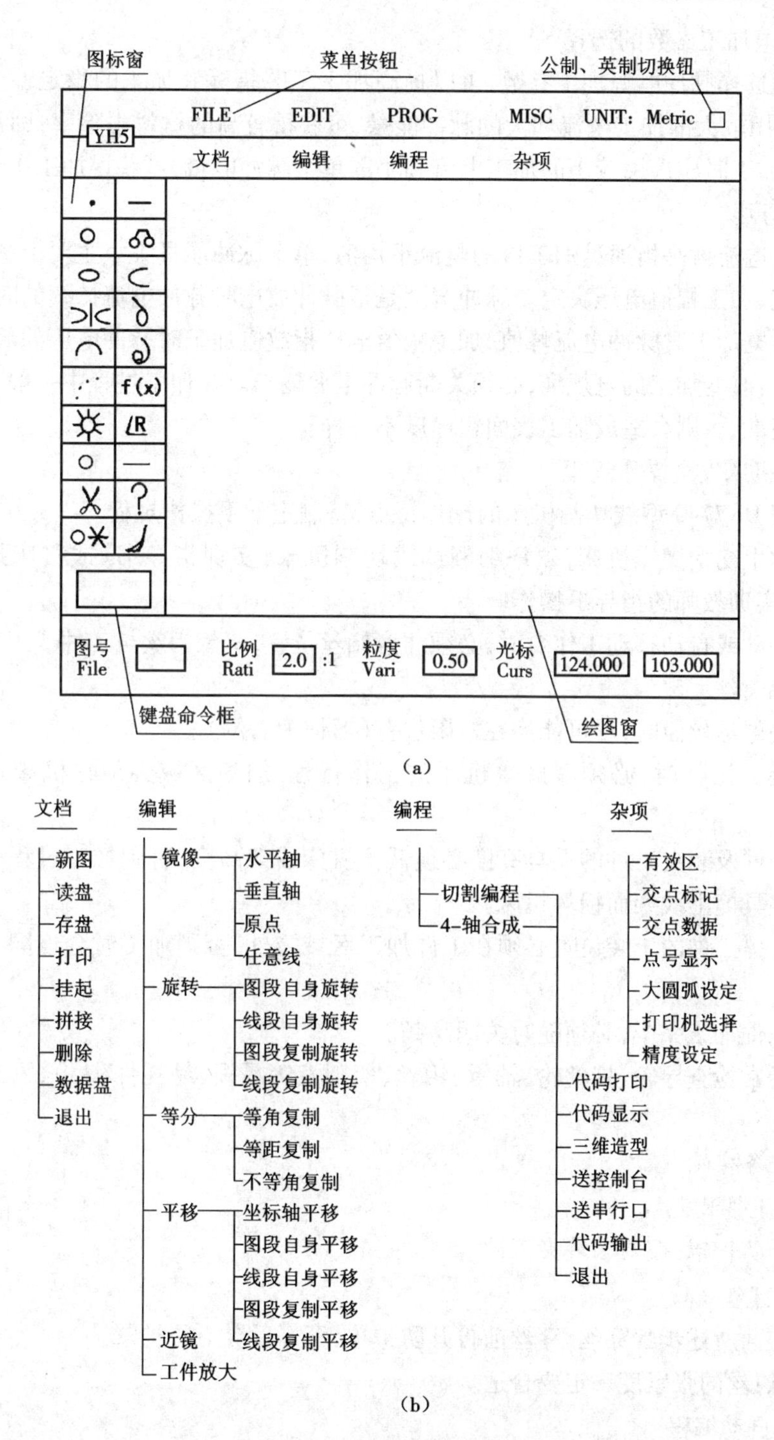

图 3.16　系统基本工作平台

(a)绘图命令图标功能简介;(b)自动编程系统的菜单功能

(8)电加工参数的选择

正确选择脉冲电源加工参数,可以提高加工工艺指标和加工的稳定性。粗加工时,应选用较大的加工电流和大的脉冲能量,可获得较高的材料去除率,即加工生产率,而精加工时应选用较小的加工电流和小的单个脉冲能量,可获得加工工件较低的表面粗糙度。

加工电流就是指通过加工区的电流平均值,单个脉冲能量大小主要由脉冲宽度、峰值电流、加工幅值电压决定。脉冲宽度是指脉冲放电时脉冲电流持续的时间,峰值电流指放电加工时脉冲电流峰值,加工幅值电压指放电加工时脉冲电压的峰值。

注意:改变加工的电规准,必须关断脉冲电源输出。在加工过程中一般不应改变加工电规准,否则会造成加工表面粗糙度不一样。

(9)机床安全操作规程

根据 DK7740 型线切割机床的操作特点,特制定如下操作规程。

①学生初次操作机床,须仔细阅读线切割机床《实训指导书》或机床操作说明书,并在实训教师的指导下操作。

②手动或自动移动工作台时,必须注意钼丝位置,避免钼丝与工件或工装产生干涉而造成断丝。

③关停运丝筒时,尽可能停在极限位置(习惯为右侧)。

④装夹工件时,必须考虑本机床的工作行程,加工区域必须在机床行程范围之内。

⑤工件及装夹工件的夹具高度必须低于机床线架高度,否则加工过程中会发生工件或夹具撞上线架而损坏机床。

⑥支撑工件的工装位置必须在工件加工区域之外,否则加工时会连同工件一起割掉。

⑦工件加工完毕,必须随时关闭高频。

⑧经常检查导轮、排丝轮、轴承、钼丝、切割液等易损、易耗件(品),发现损坏及时更换。

4.任务实施

(1)工件装夹

打开防护罩,按要求装夹工件 。

(2)穿丝

按前面所述步骤穿丝,穿丝前打开防护罩,穿好后合上防护罩。

注意:丝的张紧度一定要合适。

(3)自动编程

启动计算机,双击计算机桌面上 YH 图标进入线切割自动编程系统,按所加工零件的尺寸,在线切割机床自动编程系统中编制线切割加工程序。

1）绘图

方法一。

①假设以五角星中心为坐标原点，首先绘出直线 *DB*。在图形绘制界面上，单击直线图标，该图标呈深色，然后将光标移至绘图窗内。此时，屏幕下方提示行内的“光标”位置显示光标当前坐标值。将光标移至屏幕上 *D* 点所在坐标区域（有些误差无妨，稍后可以修改），按住左键不放移动光标，即可在屏幕上绘出一条直线，在弹出的参数窗（见图 3.17）中可对直线参数作进一步修正。确认无误后按 Yes 退出，完成 *DB* 直线的输入。

注意：此时 *DB* 线较长，可在完成五角星图形前修剪。

②绘制“*OC*”直线。用光标依次单击屏幕上“编辑”、“旋转”、“线段复制旋转”，屏幕右上角将显示“中心”（提示选取旋转中心），左下角出现工具包，光标从工具包中移出至绘画窗，则马上变成“田”形，将光标移至坐标原点上单击，选定旋转中心，此时屏幕右上角又出现提示“转体”，将“田”型光标移到“*DB*”线段上（光标呈手指形）单击，在弹出的参数设置窗（见图 3.18）中进行参数设置，确认无误后按 *Yes* 键退出，将光标放回工具包，完成 *OC* 直线输入。

按相同的方法绘出其他三条直线。

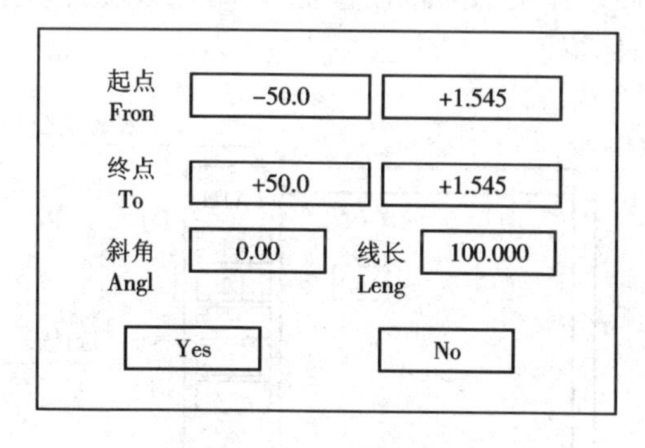

图 3.17　*DB* 直线参数窗

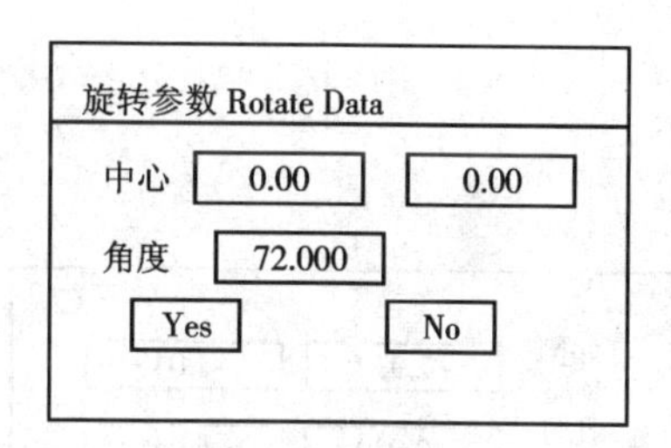

图 3.18　*OC* 直线参数窗

③图形编辑。光标单击修剪图标，图标呈深色，将剪刀形光标依次移至五角星外形以外多余的线段上，线段呈红色，轻点左键，删除上述线段，然后将光标放回工具包。

④图形清理。由于屏幕显示的误差，图形上可能会有遗留的痕迹而略有模糊。此时，可用光标选择重画图标（图标变深色），并移入绘画窗，系统重新清理、绘制屏幕。

通过以上操作，即完成了完整图形的输入。

方法二。

按方法一第①步绘制完成 *DB* 线段后，用光标依次单击屏幕上“编辑”、“等分”、“等角复制”、“线段”，以坐标原点为旋转中心，再单击选“*DB*”线段，在弹出的参数设置窗中设置等分为 5,份数为 5,确认无误后按 Yes 键,修剪方法同上。

2)编程

单击“编程”、“切割编程”,在屏幕左下角出现一丝架形光标,将光标移至屏幕上的孔位(对刀点),按下左键不放,拖动光标至起割点(有些误差无妨,稍后可以修改),在弹出的参数窗(如图 3.19 所示)中可对起割点、孔位(对刀点)、补偿量等参数进行设置。其中补偿量与钼丝半径大小、走丝方向、切割方式(割孔还是割外形)以及放电间隙有关,要根据具体情况合理选择,参数设置好后,按 Yes 键确认。

随后屏幕上将出现一路径选择窗,如图 3.20 所示,路径选择窗右侧的序号代表不同的路径段(C 表示圆弧,L 表示直线,数字表示该线段做出时的序号)。其中,“ + ”表示放大钮,“ - ”表示缩小钮,根据需要单击一下就放大或缩小一次。选择路径时,可直接用光标在序号上单击,序号变黑底白字,单击“认可”即完成路径选择。当无法辨别所列的序号表示哪一线段时,可用光标直接指向窗中图形的对应线段上,光标呈手指形,同时出现该线段的序号,然后单击,它所对应线段的序号自动变黑色。路径选定后光标单击“认可”,“路径选择窗”即消失,同时火花沿着所选择的路径方向进行模拟切割,到“OK”结束。如工件图形上有交叉路径,则火花自动停在交叉处,并再次弹出“路径选择窗”。同前所述,再选择正确的路径直至“OK”。系统自动把没切割到的线段删除,呈一个完整的闭合图形。

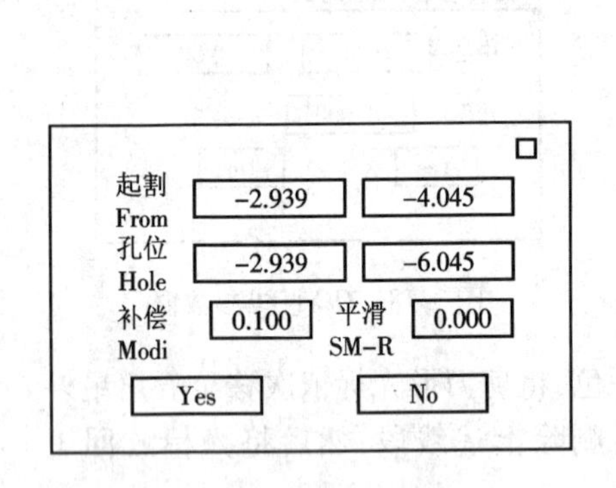

图 3.19　编程参数窗

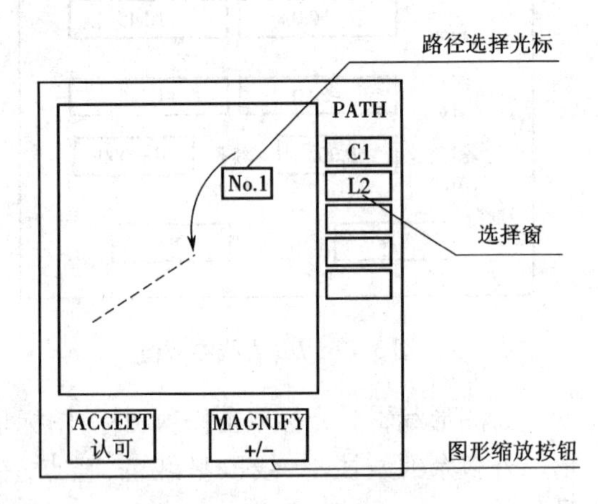

图 3.20　路径选择窗

火花图符走遍全路径后,屏幕右上角出现“加工开关设定窗”,如图 3.21 所示,其中有 5 项选择:加工方向、锥度设定、旋转跳步、平移跳步和特殊补偿。其中,加工方向有左右两个三角形,分别代表逆、顺时针方向,红底黄色三角为系统自动判断方向。特别注意:系统自动判断方向一定要和火花模拟的走向一致,否则得到的程序代码上所加的补偿量正负相反。若系统自动判断方向与火花模拟切割的方向相反,可用鼠标键重新设定,将光标移到正确的方向位,单击使之成为红底黄色三角。

因本例无锥度、跳步和特殊补偿,故无须设置。用光标单击加工参数设定窗右上角的小方块“□”按钮,退出参数窗。屏幕右上角显示红色“丝孔”提示,提示用户可对屏幕中的其他图形再次进行穿孔、切割编程。系统将以跳步模的形式对两个以上的图形进行编程。因本例无此要求,故可将丝架形光标直接放回屏幕左下角的工具包(用光标单击工具包图符),完成线切割自动编程。

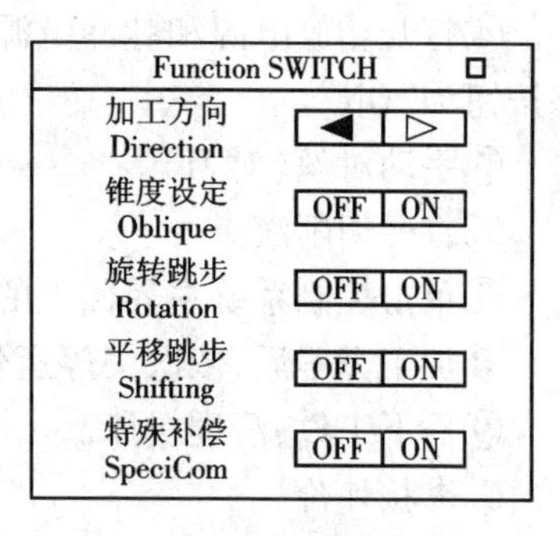

图 3.21　加工开关设定窗

退出切割编程阶段,系统即把生成的输出图形信息通过软件编译成 ISO 数控代码(必要时也可编译成 3B 程序),并在屏幕上用亮白色绘出对应线段。若编码无误,则两种绘图的线段应重合(或错开补偿量)。随后屏幕上出现输出菜单。

菜单中有代码打印、代码显示、代码转换、代码存盘、三维造型和退出。

在此选择送控制台,将自动生成的程序送到控制台进行加工。至此,一个完整的工件编程过程结束,下面即可进行实际加工。

5. 加工操作

南京东大数控 DK7740 线切割机床操纵面板,如图 3.22 所示。

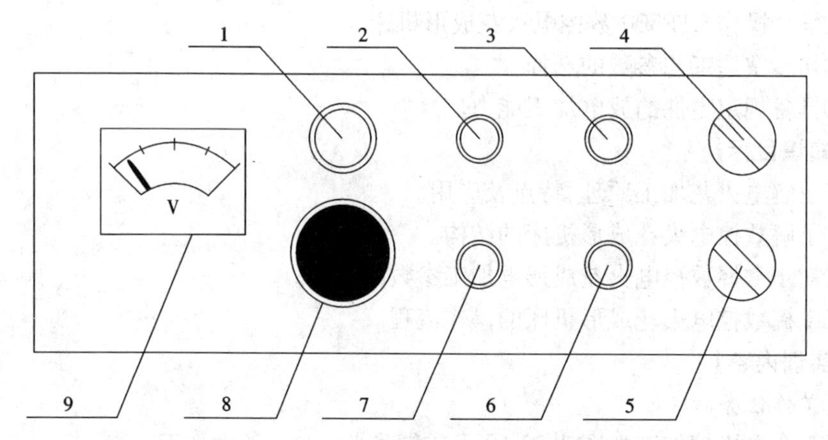

图 3.22　DK7740 线切割机床操纵面板

1—带电按钮;2—运丝开按钮;3—水泵开按钮;4—断丝保护按钮;5—结束关机按钮;6—水泵关按钮;7—运丝关按钮;8—急停开关;9—电压表

①解除(右旋)机床主机上的急停按钮,按亮带电按钮。

②打开运丝电机,试运丝。注意观察运丝行程开关设置是否有问题,行程不合适,急按运丝关按钮,进行调整。

注意:轻点运丝关按钮,丝筒缓停;急按运丝关按钮,丝筒急停。

③选择合理的电加工参数。

④打开功放电源和脉冲电源,并切换控制系统主界面上方的电机状态和高频状态按钮为“ON”。

⑤手动对丝(对刀)。

⑥打开切削液。

⑦单击控制系统主界面上的“加工”键,开始自动加工。

⑧加工完毕后,依次关停运丝电机、切削液、脉冲电源和功放电源、急停开关。

⑨拆下工件,清理机床。

6. 考核评价

①出勤,占总成绩 20%。考核方式:现场进行签到,结束前点名。

②现场操作情况,占总成绩 50%。

③实训报告,占总成绩 30%。实训报告的格式应统一,封面应包括实训名称、专业、班级、姓名、实训时间。书写实训报告要规范,应包括实训目的、内容、原理、设备(名称、规格、型号)、操作步骤、收获和建议。

任务 3.2　数控电火花成形机床编程与操作实训

【能力目标】

①学会操作 CTE300 数控电火花成形机床。

②初步掌握工艺参数的选择。

③具备规定零件的放电加工能力。

【知识目标】

①了解电火花加工原理、特点及应用。

②了解数控电火花成形机床的结构。

③初步掌握数控电火花成形电加工参数的选择。

④掌握数控电火花成形机床的操作流程。

【实训内容】

1. 工作任务

用一个电极精加工如图 3.23 所示单个零件。加工条件如下。

①电极/工件材料:Cu/45 钢淬火。

②加工底表面粗糙度:≤1.6 μm。

③加工深度:5.0 ±0.01。

④加工位置:工件中心。

2. 相关知识

(1)电火花成形技术简介

电火花加工又称放电加工(Electrical Discharge Machining ,简称 EDM),也有称电脉冲加工的,它是一种直接利用电能和热能进行加工的工艺方法。在加工中,靠工具电极和工件电极之间的脉冲性火花放电来蚀除多余的金属。

1)加工原理

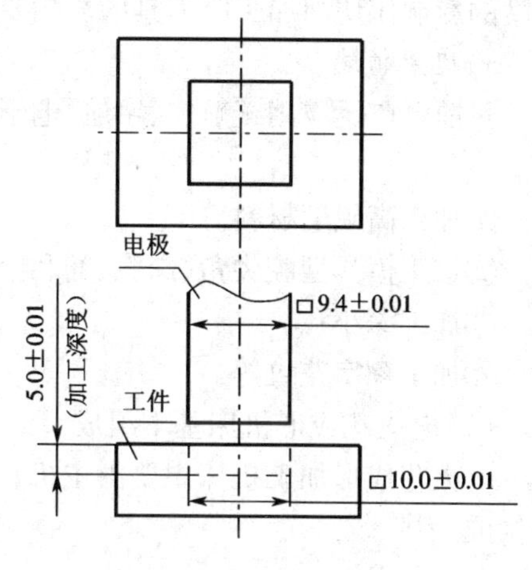

图3.23　电极图纸

图3.24是电火花加工原理图。由脉冲电源输出的电压加在液体介质中的工件和工具电极(亦称电极)上,自动进给装置使电极和工件间保持一定的放电间隙。当电压升高时,会在某一间隙最小处或绝缘强度最低处击穿介质,产生火花放电,瞬时高温使电极和工件表面都被蚀除(熔化或气化)掉一小块材料,各自形成一个小凹坑。电火花加工实际是电极和工件间连续不断的火花放电。由于电极和工件电腐蚀不同程度的损耗,电极不断地向工件进给,工件不断产生电腐蚀,因此可将电极的形状复制在工件上,加工出所需要的零件。

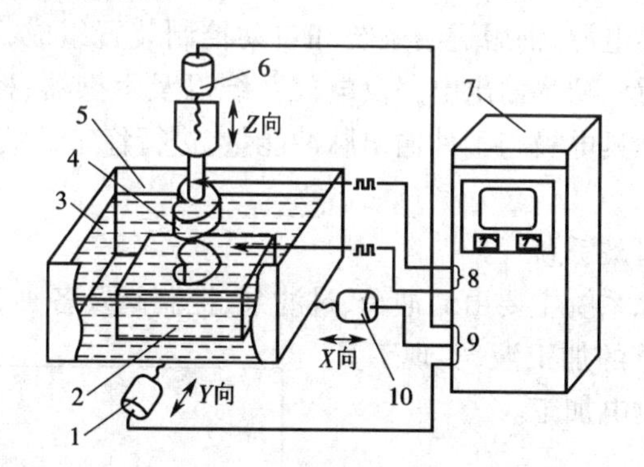

图3.24　电火花加工原理示意图

1—步进电机;2—工件电极;3—工作液;4—工具电极;5—工作液箱;
6—步进电机;7—数控系统及电源柜;8—脉冲电源;
9—轴伺服系统;10—步进电机

2)主要特点

①由于脉冲放电的能量密度高,使其便于加工用普通的机械加工难于加工或无法加工的特殊材料和复杂形状的零件,并不受材料及热处理状况的影响。

②工具电极与工件材料不接触,两者之间宏观作用力极小,工具电极不需要比加工材料硬,即可以柔克刚,故电极制造更容易。

③由于是直接利用火花放电蚀除工件材料,加工时几乎没有大的作用力,因此易于实现加工过程的自动控制,即实现无人化操作。

④由于火花放电时工件与电极均会被蚀除,因此电极的损耗对加工形状及尺寸

精度的影响比切削加工时刀具的影响要大。

3)应用领域

目前已广泛应用于航空、宇航、电子、仪器仪表、汽车、轻工、军工等行业的模具加工。

①加工高硬度材料。

②加工模具型腔尖角、深腔、筋和窄槽等部位。

③加工深小孔。

④加工刻字花纹等。

(2)电火花成形机床基本组成

电火花成形加工机床主要由主机、控制系统、工作液循环过滤系统及机床附件等构成。

1)主机部分

主机由床身、立柱、主轴头、工作台及润滑系统组成。主要用于支承工具电极及工件,保证它们之间的相对位置,并实现加工过程中稳定的进给运动。

2)控制系统

控制系统由脉冲电源、伺服进给系统和自动控制装置组成,主要包括电器柜体、电源变压器、控制电路、功率输出电路及电气系统以及手操器、控制按键和数显表等组成。主要向主机工具电极与工件输出脉冲能量,进行稳定的放电加工,并且实现自动控制。

3)工作液循环过滤系统

工作液循环过滤系统主要由储油箱、过滤泵、控制阀及各种管道组成。主要向主机加工液槽提供足够的加工液,实现工具电极与工件的正常放电加工。

4)机床附件

机床附件的品种很多,常用的附件有可调节的工具电极夹头、平动头、油杯、永磁吸盘及光栅磁尺等。主要作用是为了装夹工具电极、压装工件、辅助主机实现各种加工功能。

3.电火花成形机床操作基础

(1)CTE300数控电火花成形机床的电器柜控制面板

CTE300数控电火花成形机床电器柜控制面板如图3.25所示。

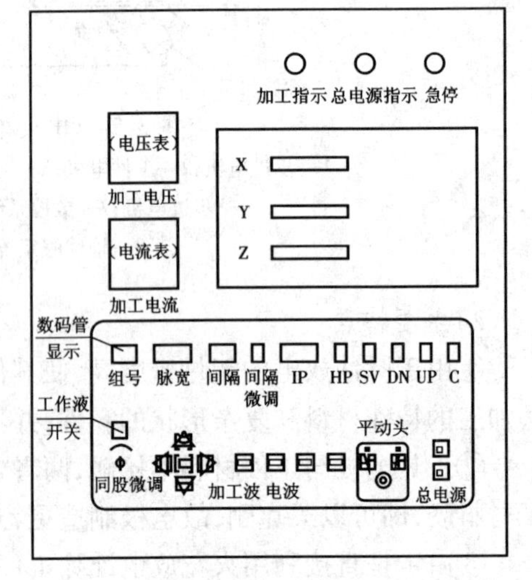

图3.25 CTE300电火花成形机床的电器柜控制面板

1)"急停"按钮

紧急断电。在每次关机时也应按下

此钮，切断电源。开机时，松开此钮。此时，电源柜弱电打开，NC电源供电，数码管显示加工参数。

注意：松开此钮几秒钟后，再进行其他操作。

2）“总电源开”按钮

在总电源弱电上电后，方可按下此钮（总电源指示灯亮），这时控制部分强电开启，可进行后续操作。

3）“总电源关”按钮

需要关机时，应先按下此钮，以切断控制强电电源。

4）“油泵”按钮

按下此钮时，打开工作液泵；抬起此钮时，关闭工作液泵。

5）“<、>”键

左、右移动光标键，按下后数码管显示的闪烁位将随之移动，以便确定更改参数和位置。

6）“△、▽”键

数值加、减键，当确定需要更改参数和位置时，按下此键，该数值将被调整。

7）“确定”键

确定并输出当前参数，当修改参数以后，一定要按此键才能生效。

8）“加工”键

当工件、电极装夹找正并正确输入参数以后，打开工作液泵，待液面合适时，按此键进入伺服加工。

注意：按加工键后，将自动开启脉冲电源功率开关。

9）“停止”键

当伺服加工结束，或加工中间需要暂停时，按下此键2～3 s后加工停止，Z轴自动退4～5 mm，同时关闭脉冲电源功率开关。

10）加工电压指示表

显示加工过程中电极与工件之间的电压值。

11）加工电流指示表

显示加工过程中加工的平均电流值。

12）数码管显示（用于设置电参数）

①“组号”（2位）：显示输入组号。

②“脉宽”（3位）：低2位显示脉冲宽度分挡号；最高位显示控制功能。

③“间隔”：脉冲间隔分挡号。

④“间隔微调”（1位）：脉冲间隔微调整，调整幅度为0～9 μs。

⑤IP（3位）：低压加工电流分挡，选择范围应小于63.5，对应加工电流随脉冲占空比而定。

⑥HP（1位）：高压加工电流分挡，选择范围为1、2、4、7。

⑦SV(1 位):伺服电压分挡,选择范围为 0 ~ 9。

⑧DN(1 位):抬刀加工时,加工时间分挡,选择范围为 0 ~ 9。

⑨UP(1 位):抬刀加工时,抬起时间分挡,选择范围为 0 ~ 9。

⑩C:反打(调至 6 为反打,0 为正打)。

数显表按键功能如图 3.26 所示。

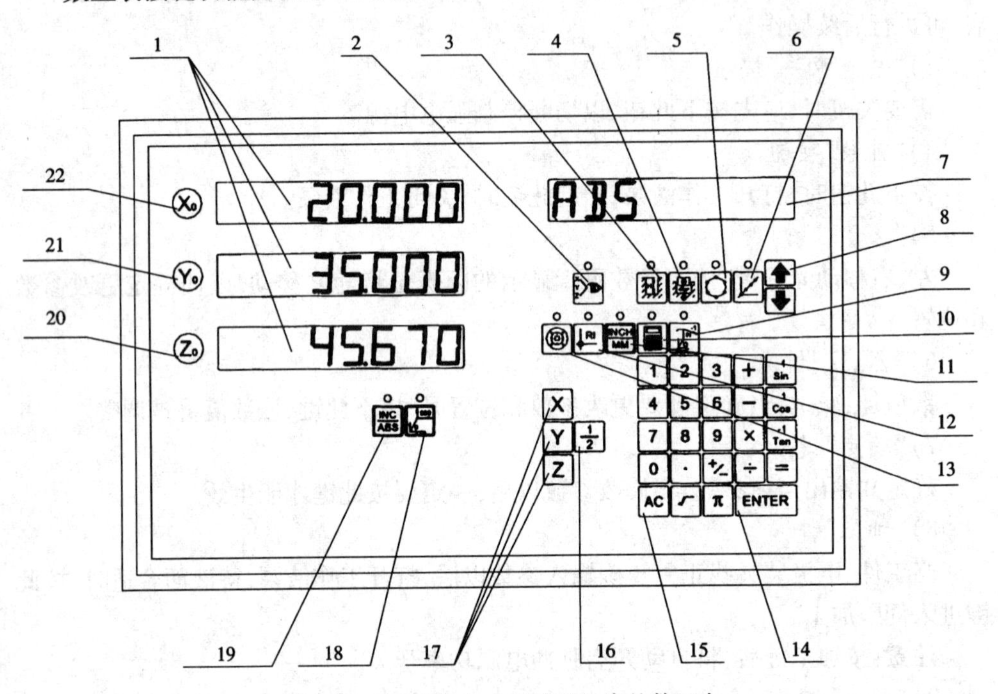

图 3.26　CTE300 电火花成形机床的数显表

1—主视窗;2—暂离;3—放宽加工参数;4—开始加工;5—圆周分孔;6—斜线分孔;7—副视窗;8—上下切换;9—切换键;10—计算器;11—公英制切换;12—搜索 RI;13—缩水;14—输入;15—清除;16—分中;17—选轴;18—SDM 坐标;19—INC/ABS 切换;20—*Z* 轴清零;21—*Y* 轴清零;22—*X* 轴清零

(2)手操器面板

手操器面板如图 3.27 所示。

①L/M/F:手动操作时的运动速度选择。L 为低速;M 为中速;F 为快速。

②△:手动 *Z* 轴向上运动。

③▽:手动 *Z* 轴向下运动。

④“加工”:同操作面板“加工”键。

⑤“停止”:同操作面板“停止”键。

⑥“放电找正”:用于电火花找正。

⑦“短路无视”:此键与“▽”同时使用强制 *Z* 轴在短路情况下仍可向下运动,用于拉表找正。

(3)电极头

图3.28所示为电极头简图。电极头各部件功能如下。

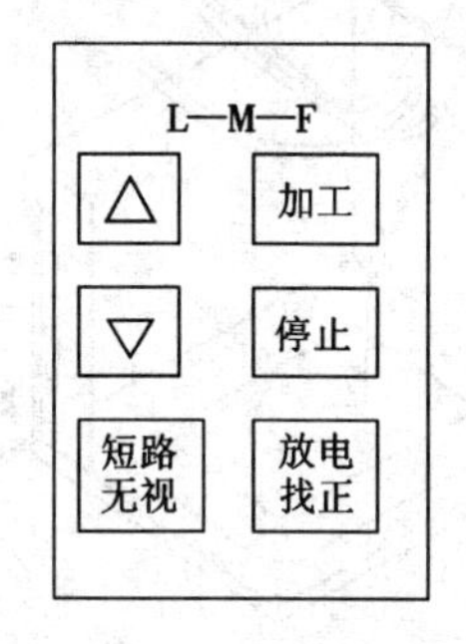

图3.27　手操器面板

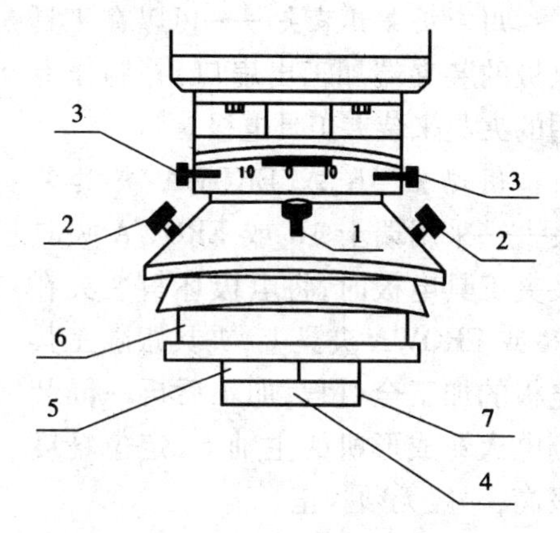

图3.28　电极头

1—前后水平调整螺钉及锁紧螺母;2—左右水平调整螺钉及锁紧螺母;3—电极旋转角度调整螺钉;4—活动式电极夹头固定螺钉;5—电极夹头;6—电极夹头与机体之绝缘界面;7—电源进电正极

①前后水平调整螺钉及锁紧螺母。

②左右水平调整螺钉及锁紧螺母。

③电极旋转角度调整螺钉。

④活动式电极夹头固定螺钉。

⑤电极夹头。

⑥电极夹头与机体之绝缘界面。

⑦电源进电正极。

(4)工作液槽功能介绍

工作液槽装在工作台上。为了保证加工过程安全进行,加工时工作液面必须比工件上表面高出50 mm左右,并随着加工电流的加大要高出更多,保证放电气体的充分冷却,尤其是在大电流加工时要杜绝放电气体内带火星飞出油面。图3.29所示为工作液槽简图。

(5)工具电极的装夹与找正

电火花加工中,工具电极的装夹尤其重要。常用的装夹方法有钻夹头装夹、专用夹具装夹或瑞士3R或EROWA夹具装夹。工具电极的找正就是要确保工具电极与工件垂直,找正的方法主要有用百分表找正、用精密刀口角尺找正、用电火花放电找正等。

1)工具电极的装夹

用钻夹头装夹——先用内六角扳手将装在电火花成形机床主轴上的固定电极用

的内六角螺栓松开，然后将装夹有工具电极的钻夹头夹紧在主轴夹具上。

用专用夹具装夹——可以在工具电极的装夹端加工出扁口，并制作专用的夹具来装夹工具电极。

用瑞士 3R 或 EROWA 夹具装夹——采用瑞士 3R 或 EROWA 夹具装夹工具电极时，将电极坯料装夹在 3R 或 EROWA 夹具上，夹具跟随工具电极的加工全过程，加工后再一同装到电火花成形机的主轴上，定位精度极高，一般无须找正。

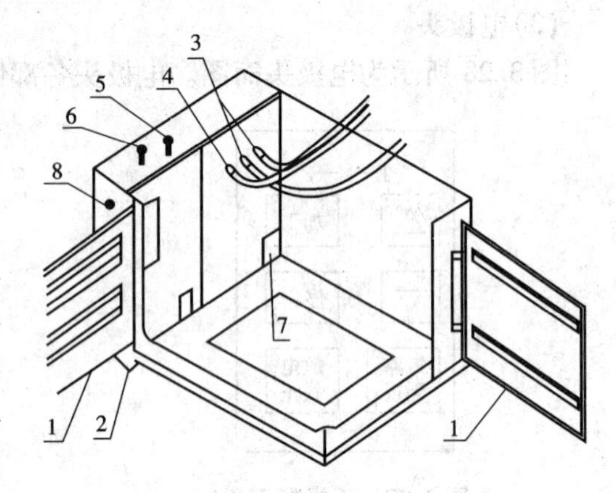

图 3.29　工作液槽

1—防漏胶条；2—加工液溢出回油槽；3—冲油管；4—抽油管；5—出油控制闸；6—液面高度控制闸；7—进油孔；8—压力表（指示喷油压力）

2）工具电极的找正

用精密刀口角尺找正和用电火花放电找正的精度不高，生产中较常用的是用百分表找正。在此仅介绍百分表找正方法，其找正步骤如下。

①将百分表的磁性表座吸附在机床的工作台上。

②沿 X 轴方向找正工具电极：将百分表的测量杆沿 X 轴方向轻轻靠住电极，使百分表有一定的读数，然后通过手操器使 Z 轴上下移动，观察百分表的指针变化，根据指针变化判断倾斜状况，并通过图 3.28 所示螺钉 2 进行调节。

③沿 Y 轴方向找正工具电极：将百分表的测量杆沿 Y 轴方向轻轻靠住电极，使百分表有一定的读数，然后通过手操器使 Z 轴上下移动，观察百分表的指针变化，根据指针变化判断倾斜状况，并通过图 3.28 所示螺钉 1 进行调节。

（6）工件的装夹与找正

工件的装夹与找正也是电火花加工中的重要环节，装夹与找正的误差将直接影响加工精度。工件的装夹通常采用压板固定、磁性吸盘吸附、平口钳装夹等方法。

1）使用压板装夹工件

将工件放置在工作台上，将压板螺钉头部穿入工作台的 T 形槽中，把压板穿入压板螺钉中。压板的一端压在工件上，另一端压在三角垫铁上，使压板保持水平或压板靠近三角垫铁处稍高些，旋动螺母压紧工件。

2）使用磁性吸盘装夹工件

在电火花成形机床的工作台上安装磁性吸盘，再用内六角扳手旋动磁性吸盘上的内六角螺母，使磁性吸盘带上磁性，工件会牢牢地吸附在工作台上。

工件的找正就是指使工件的 X、Y 轴与机床的 X、Y 轴平行，找正方法与车、铣加工相同，在此不再重复。

(7)工件的定位

工件的定位则是要确定其中心位置或任意加工位置,根据放电加工图确定放电位置的步骤,常用的方法有中心定位四面分中(中心定位)和单边移动(任意已知位置定位)两种。

1)四面分中

①转动 X 轴方向的手轮,将工具电极移动到工件电极的外部,按下手操器上的"下降"键,使工具电极缓缓下降至工具电极稍低于工件的上表面。

②转动 X 轴方向上的手轮,使工具电极与工件侧面轻轻接触,此时蜂鸣器发出蜂鸣声,按下电器控制柜的"X 方向清零"键,X 数值为零。然后,按手操器上的"△"键,使工具电极缓缓上抬离开工件,再次转动 X 轴方向上的手轮,移动工具电极至工件的另一侧,按下手操器上的"▽"键,使工具电极缓缓下降至工具电极稍低于工件的上表面,蜂鸣器发出蜂鸣声,依次按下电器控制柜上的"1/2"键和"X"键,X 数码管上将显示 X 轴方向数值的一半。按下手操器上的"△"键,使工具电极缓缓上抬离开工件,再次反方向转动 X 轴方向的手轮,使 X 轴方向的数值为零。此时,工具电极的中心将位于工件 X 轴方向的中心位置。

③Y 轴方向中心位置的确定方法同步骤②。

注意:对于圆柱形工件,X 轴方向寻中时,要使左右两个的对刀点 Y 坐标值相同;Y 轴方向寻中时,也要使前后两个的对刀点 X 坐标值相同。

2)单边移动

对于任意已知位置的定位,可对工件一角 X、Y 坐标清零,然后根据放电图所标位置,通过 X、Y 方向手轮移动工件台,观察控制柜 X、Y 数值,使其到达指定坐标位置。

(8)电参数组的选择

1)粗加工

①铜(工具电极)-钢(工件电极):铜-钢加工参数组号为 20~29 共 10 组,可根据加工面积、形状不同进行选择,面积从小到大对应组号从小到大。

②石墨-钢:石墨-钢加工参数组号为 40~49 共 10 组,可根据加工面积、形状不同进行选择,面积从小到大对应组号从小到大。

对于复杂形面或锥形以及有预加工型腔的工件,由于初始接触面积较小,应首先选择较小的加工电参数。

2)半精加工

①铜-钢:铜-钢加工参数组号为 10~19 共 10 组,可根据加工面积、形状不同进行选择,面积从小到大对应组号从小到大。

②石墨-钢:石墨-钢加工参数组号为 30~39 共 10 组,可根据加工面积、形状不同进行选择,面积从小到大对应组号从小到大。

3)精加工

铜-钢和石墨-钢都在00~09号范围内选择。可根据加工面积、形状、精修分挡不同进行选择,对于石墨-钢最终规准脉宽应大于20 μs,加工电流应大于2~3 A。

具体加工参数见表3.2~表3.7。

表3.2 精加工参数

组 号	脉 宽	间 隔	间隔微调	IP	HR	SV	DN	UP	C
00	101	03	2	0	2	8	5	2	0
01	102	01	2	0.5	1	8	5	2	0
02	104	03	2	1	1	8	5	2	0
03	106	05	2	1.5	1	8	5	2	0
04	107	06	1	1.5	1	7	5	2	0
05	108	11	1	2	1	7	5	2	0
06	109	06	1	2.5	1	6	5	1	0
07	009	09	1	3	1	5	5	1	0
08	032	09	1	3.5	1	4	6	1	0
09	032	05	1	3.5	1	4	6	1	0

表3.3 铜-钢中加工参数

组 号	脉 宽	间 隔	间隔微调	IP	HR	SV	DN	UP	C
10	006	00	0	1	1	05	6	1	0
11	007	07	0	1	1	05	6	1	0
12	007	07	0	2	1	05	6	1	0
13	009	09	1	3	1	04	6	1	0
14	032	09	1	4	1	04	6	1	0
15	010	09	2	5	1	04	6	1	0
16	011	09	2	7	1	04	6	1	0
17	014	09	2	10	1	03	6	1	0
18	015	09	2	15	1	03	6	1	0
19	017	10	2	23	1	03	6	1	0

表 3.4　铜 - 钢粗加工参数

组号	脉宽	间隔	间隔微调	IP	HR	SV	DN	UP	C
20	017	10	2	7	1	6	6	1	2
21	017	10	2	9	1	6	6	1	2
22	018	11	2	9	1	6	6	1	2
23	018	11	2	12	1	6	6	1	2
24	018	11	2	15	1	6	6	1	2
25	018	11	2	21	1	5	6	1	2
26	018	11	2	40	1	5	6	1	2
27	019	15	2	50	1	5	6	1	2
28	020	15	2	55	0	4	6	1	2
29	021	21	2	63.5	0	4	6	1	2

表 3.5　石墨 - 钢中加工参数

组号	脉宽	间隔	间隔微调	IP	HR	SV	DN	UP	C
30	007	07	2	1.4	1	5	6	1	0
31	009	09	2	2.5	1	5	6	1	0
32	010	09	2	3	1	5	6	1	0
33	011	09	2	3.5	1	5	6	1	0
34	012	11	2	4	1	5	6	1	0
35	013	11	2	5.5	1	5	6	1	0
36	014	11	2	7.5	1	5	6	1	0
37	015	11	2	9	1	5	6	1	0
38	016	13	2	11	1	5	6	1	0
39	017	14	2	15	1	5	6	1	0

表 3.6　石墨 - 钢粗加工参数

组号	脉宽	间隔	间隔微调	IP	HR	SV	DN	UP	C
40	013	09	2	5	0	3	7	1	0
41	014	10	2	7.5	0	3	7	1	0
42	015	11	2	11	0	3	7	1	0
43	016	11	2	15	0	3	7	1	0
44	018	12	2	23	0	3	7	1	0
45	048	13	2	35	0	3	7	1	0

续表

组　号	脉　宽	间　隔	间隔微调	IP	HR	SV	DN	UP	C
46	048	13	2	45	0	3	7	1	0
47	049	13	2	50	0	3	7	1	0
48	049	13	2	55	0	3	7	1	0
49	050	13	2	63.5	0	3	7	1	0

表3.7　紫铜－钢低损耗(窄槽)参数

组　号	脉　宽	间　隔	间隔微调	IP	HR	SV	DN	UP	C
50	013	06	1	3	0	3	5	1	0
51	013	06	1	5	1	6	5	1	0
52	014	07	1	3	0	3	5	1	0
53	014	07	1	5	1	6	5	1	0
54	015	07	1	3	0	3	5	1	0
55	015	07	1	5	1	6	5	1	0
56	039	09	1	3	0	3	5	1	0
57	039	09	1	5	1	6	5	1	0
58	016	09	1	3	0	3	5	1	0
59	016	09	1	5	1	6	5	1	0

(9)机床安全操作规程

根据CTE系列数控电火花成形机床的操作特点,特制定如下操作规程。

①学生操作应服从指导教师的安排,不熟悉机床性能结构和按钮功能前不能擅自进行操作。

②装卸工件、定位、校正电极、擦拭机床时,必须切断脉冲电源。

③工件在加工安装时,应尽量避免工件直接接触工作台面或在工作台面上拖动,防止划伤工作台面。

④每次脉冲电源开启前,需使主轴进入伺服状态(液面的高度、工作液油温均已进入自动监控状态),然后根据加工的具体情况选择脉冲电源各项参数,启动脉冲电源,机床进入加工状态。

⑤工作液面应保持高于工件表面50~60 mm,以免液面过低着火。

⑥在电极找正及工件加工过程中,禁止操作者同时触摸工件及电极,以防触电。

⑦禁止操作者在机床工作过程中离开机床。

⑧禁止使用不适用于放电加工的工作液或添加剂。

⑨加工结束后,应切断控制柜电源和机床电源。

⑩保持机床电气设备清洁,防止因受潮降低绝缘强度。

⑪工作液一旦着火,应使用消防设施及时灭火,绝不允许打开工作液槽门,以防火势蔓延。

4. 任务实施

①工件装夹与找正。

②工具电极装夹与找正。

③加工步骤:

打开电源总开关(电源控制柜后面),旋下红色“急停”按钮;

按“总电源开”按键,红色“总电源指示”灯亮;

工件中心定位(四面分中)。

④根据加工要求,输入合理的加工参数。

加工深度设定:粗加工,加工深度至4.5 mm;半精加工,加工深度至4.95 mm;精加工,加工深度至5.00 mm。加工深度设定方法:点亮数显表上放电加工参数键[ ],进入放电加工参数设置状态,此时 Y 坐标显示原来设置的加工参数。第一个出现的参数是加工深度值,通过数字键盘输入加工深度值,按 ENTER 键确定。第二个出现的参数是反向防火高度值,这是一种智慧型安全检测保护装置,在放电过程中,长时间放电加工而无人看管时,当电极抬起超过预设值时,就会停止加工并且报警,从而杜绝火灾的发生。通过数字键盘输入修改此值后,按 ENTER 键确定。第三个出现的参数是电极补偿(开电极补偿功能时有),一般为0,不做修改。加工参数设定完成后,按[ ]键退出,该键上方绿灯灭。

电参数设置:粗加工,参数组选择20;半精加工,参数组选择16;精加工,参数组选择03。

转换电参数方法见前面内容。

⑤设置放电加工参数后,在正常显示状态下,按开始放电键[ ],其上方的指示灯亮,开始放电加工,此时 X 视窗显示加工深度目标值 + 电极补偿值;Y 视窗显示目前电极位置中加工深度;Z 视窗显示目前电极位置;副视察显示“EDM RUN”。另外,在 EDM 加工过程中,按[ ]键可退出加工;按[ ]键可暂时离开 EDM 状态,返回正常的 XYZ 轴显示。

⑥按下“油泵”按钮,调整油管位置和液面高度。

⑦当油面符合要求时,按下“加工”按钮,正式加工。

加工完成后,蜂鸣器会连续响,副视窗显示“BACKWORD”,操作者停止放电加工,抬起 Z 轴,放油、拆件,并按与开机相反的顺序关闭机床及电源。

5. 考核评价

①出勤,占总成绩20%。考核方式:现场进行签到,结束前点名。

②现场操作情况,占总成绩50%。

③实训报告，占总成绩 30%。实训报告的格式形式应统一，封面应包括实训名称、专业、班级、姓名、实训时间。书写实训报告要规范，应包括实训目的、内容、原理、设备（名称、规格、型号）、操作步骤、收获和建议。

参 考 文 献

[1] 周虹.数控编程与实训[M].北京:人民邮电出版社,2008.
[2] 周虹.数控加工工艺与编程[M].北京:人民邮电出版社,2004.
[3] 周虹.数控机床操作工职业技能鉴定指导[M].北京:人民邮电出版社,2008.
[4] 周虹.数控加工工艺设计与程序编制[M].北京:人民邮电出版社,2009.
[5] 杨仲冈.数控加工技术[M].北京:机械工业出版社,2001.
[6] 顾京.数控加工编程及操作[M].北京:高等教育出版社,2003.
[7] 李佳.数控机床及应用[M].北京:清华大学出版社,2001.
[8] 陈洪涛.数控加工工艺与编程[M].北京:高等教育出版社,2003.
[9] 李华.机械制造技术[M].北京:高等教育出版社,2000.